PATRICE DE RIENCOURT DE LONGPRÉ

Notes coordonnées
d'Histoire Naturelle

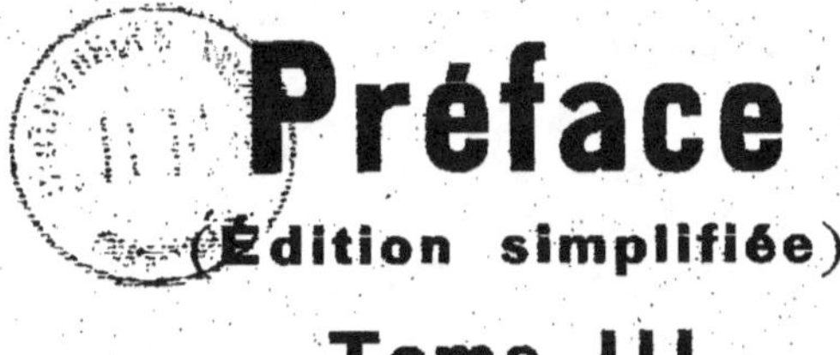

Préface

(Édition simplifiée)

Tome III

Éditions **ARGO**

PARIS

Notes Coordonnées

d'Histoire Naturelle

P. de Riencourt de Longpré

Notes Coordonnées

d'Histoire Naturelle

Partie 1 — Préface

(Edition simplifiée)

TOME III

Domine, dilexi decorem domus tua
Et locum habitationis gloriæ tuæ
Ne perdas cum impüs, Deus;
Animam meam...

DAVID (Ps. XXV-8).

Editions Argo

35-37, Rue Madame, Paris (VIᵉ)

AVANT-PROPOS DE L'ÉDITION SIMPLIFIÉE

Ayant le désir de mettre à la portée de toutes les personnes auxquelles elles s'adressent, les quelques idées contenues dans la première partie ou préface, de mes « Notes coordonnées d'histoire naturelle », et considérant les prix très élevés que l'on est obligé de demander d'un livre artistique, j'ai résolu d'en fournir une édition de forme aussi peu coûteuse que possible.

Cette édition différera de l'édition normale par une recherche moindre d'élégance dans la présentation matérielle. Il sera donc nécessaire de ne pas y chercher l'application des principes d'esthétique typographique qui sont effleurés dans l'ouvrage même.

Elle ne comprendra, au reste, que l'Introduction et les deux derniers livres. Le livre premier dont la seule raison d'être est d'annoncer les deux autres; d'une signification simplement artistique d'ailleurs, et où des illustrations jouent un important rôle, par sa nature même s'en trouve exclu.

P. R. L.

J'ai fait tous les efforts possibles pour assurer l'intégrité du texte de cette édition. Cependant, n'ayant pas eu le loisir d'en corriger moi-même les épreuves mot à mot et en les collationnant avec le manuscrit, je tiens à ne prendre aucun engagement envers le lecteur relativement au contenu de cet ouvrage. Car l'abondance des termes spéciaux y rend particulièrement aisés un obscurcissement ou une modification du sens du texte sous l'influence d'erreurs typographiques peu importantes par elles-mêmes. C'est ce qui a eu lieu en plusieurs endroits du Livre II. Mais je puis du moins assurer que la signification de l'ensemble est juste

Synopsis général de l'idée directive du plan des Notes Coordonnées
d'Histoire Naturelle

Partie I. — *Préface.*
>Contenant les éléments d'une philosophie fondamentale; pour permettre
de situer le labeur scientifique dans l'ensemble des phénomènes de
l'Univers; afin de l'effectuer dans la suite d'un façon rationnelle et
conforme à son essence.

>>**Livre I.** — *Majeur.*
>>>Contenant la traduction empirique mais généralisée de l'har-
monie de toutes les choses qui sont spontanées dans l'Univers [9 chants].

>>**Livre II.** — *Mineur.*
>>>Contenant l'étude élémentaire de ces phénomènes d'harmonie
et permettant d'en induire certaines bases métaphysiques
assurées [5 chapitres].

>>**Livre III.** — *Conclusif.*
>>>Contenant l'exposé d'une recherche de conformation aussi
approchée que possible du labeur à venir aux principes et
conceptions ainsi acquis [12 chapitres].

Partie II. — *Herborisations.*
>Contenant une recherche de clarification de la nature de la végétation
[de la région européenne] qui est le phénomène où se manifeste le
plus typiquement l'unité et la variété, la fixité et la variabilité, et l'harmonie, de la Nature.

>>**Livre I.** — *Positif.*
>>>Contenant l'exposé des observations relatives à tous ordres de
rapports observables entre les végétaux entre eux et avec
leur entourage [trois (très gros) chapitres].

Livre II. — *Analytique.*
>Contenant la recherche des motifs des divers phénomènes observés [7 chapitres].

Livre III. — *Synthétique.*
>Contenant un essai de reconstitution des faits, classés conformément au procès probable de la nature dans l'établissement des formations végétales [5 chapitres].

Partie III. — *Histoire des Papilionacées eupapilioniques indigènes.*
Contenant la recherche des causes, des formes particulières et de l'harmonie spéciale à cette catégorie de végétaux; ainsi que de leurs relations ou divergences.

Livre I. — *Positif.*
>Contenant la description des Papilionacées enpapilioniques indigènes, dans le détail [16 chapitres].

Livre II. — *Analytique.*
>Contenant la recherche d'une connaissance des lois qui ont pu réaliser les faits observés [12 chapitres].

Livre III. — *Synthétiqne.*
>Contenant un essai de reconstitution des faits, classés conformément au procès probable de la Nature dans la Création des dites plantes [7 chapitres].

Partie IV. — *Eléments sur le genre Scarabée.*
Contenant la recherche des causes, des formes et de la vie particulières de ce groupe d'animaux; ainsi que de leurs relations ou divergences.

Livre I. — *Positif.*
>Contenant la description des Coléoptères lamellicornes du globe dans leurs principaux groupes [12 chapitres].

Livre II. — *Analytique.*
>Contenant la recherche des lois qui ont pu réaliser les faits observés [12 chapitres].

Livre III. — *Synthétiqne.*
>Contenant un essai de reconstitution des faits, classés conformément au procès probable de la Nature dans la création des dits animaux [8 chapitres].

Partie V. — *Esquisse d'un stade de la classification générale des êtres physiques.*
Contenant la recherche des causes, des formes, des modifications d'état,
et des relations ou divergences de l'ensemble des objets de la nature.

> Livre I. — *Positif.*
> Contenant la description des êtres de la Nature dans leurs
> grandes divisions [10 chapitres].

> Livre II. — *Analytique.*
> Contenant la recherche des lois qui ont pu réaliser les faits
> observés [9 chapitres].

> Livre III. — *Synthétiqne.*
> Contenant un essai de reconstitution des faits, classés confor-
> mément au procès probable de la nature dans la création
> des dits êtres [10 chapitres].

Partie VI. — *Du domaine transmatériel.*
Contenant la recherche des causes des divers phénomènes d'ordre psychique, où en liaison avec les données métaphysiques acquises précédemment.

> Livre I. — *Positif.*
> Contenant l'exposé de divers faits appartenant à ce domaine
> [9 chapitres].

> Livre II. — *Analytique.*
> Contenant la recherche des solutions des problèmes posés par
> ces faits [5 chapitres].

> Livre III. — *Synthétiqne.*
> Contenant un essai de reconstitution des dits faits, classés et
> définis suivant la norme que la raison semble découvrir
> [7 chapitres].

Partie VII. — *Conclusion.*
Contenant l'aboutissement d'une philosophie particulière basée sur l'étude
détaillée de certains phénomènes particuliers de l'Univers; et établie
par une âme particulière; mais sciemment située elle-même, au sein
des phénomènes de l'Univers dans l'ordre naturel.

Livre I. — *Majeur.*
> Contenant le résumé objectif de la nature des notions particulières acquises par l'âme particulière [6 chapitres].

Livre II. — *Mineur.*
> Contenant l'exposé objectif de la nature de l'âme particulière ayant acquis ces notions [5 chapitres].

Livre III. — *Conclusif.*
> Contenant l'expression subjective de la Vérité particulière à une âme dans le tout qu'elle forme avec les notions qu'elle a acquises [7 psaumes].

Synopsis de l'idée directive du plan de la partie I

Préface

Introduction.

Contenant des motifs qui ont fait écrire cet ouvrage et l'acquisition raisonnée du plan qu'il doit naturellement posséder.

Livre premier majeur. — *Essai de traduction d'une harmonie.*

(Au moyen de descriptions, commentées d'illustrations linéaires, picturales et sonores.)

Chant I

Contenant l'expression d'harmonies physiques extérieures multiples et synchrones.

Chant II

Contenant l'expression d'harmonies physiques intimes et simples.

Chant III

Contenant l'expression du charme psychologique de l'influence harmonieuse de la nature.

Chant IV

Contenant l'expression de la beauté de l'influence harmonieuse du travail matériel dans la nature.

Chant V

Contenant l'expression de la beauté de la hiérarchie dans les êtres et de l'action harmonieuse de leur activité propres.

Chant VI

Contenant l'expression de la grandeur de l'influence harmonieuse du travail spirituel sur la nature.

Chant VII

> Contenant l'expression de la beauté des sentiments d'amour entre des êtres particuliers.

Chant VIII

> Contenant l'expression de la grandeur des harmonies de la nature physique.

Chant IX

> Contenant l'expression de la grandeur des harmonies d'esprit.

Livre second, mineur. — *Exposé d'une recherche des causes de l'Harmonie.*

Chapitre I. — *De l'accord préétabli entre les formes.*

> Contenant de brèves justifications superficielles de la forme donnée au précédent livre; d'où se tirent, par la comparaison de faits variés, la connaissance élémentaire des anses de l'harmonie des formes matérielles [4 sections].

Chapitre II. — *De l'accord préétabli entre les âmes.*

> Contenant une description des diverses sortes de sentiments d'amour dans l'humanité, et l'analyse de l'amour qui semble le plus complet, ce qui conduit à une conception des motifs qui poussent les âmes les unes vers les autres [3 sections].

Chapitre III. — *De l'accord préétabli entre les âmes et les formes.*

> Contenant une description des diverses sortes des sentiments que provoquent la contemplation de la Nature par les humains, et l'analyse du sentiment d'amour qui les attache à elle, ce qui conduit à une conception des motifs de cet attachement [3 sections].

Chapitre IV. — *De la création des accords par l'âme.*

> Contenant l'étude des œuvres de caractère désintéressé et esthétiques, auxquelles les êtres humains s'adonnent, puis du sentiment intérieur qu'ils éprouvent en le faisant; ce qui conduit à la compréhension des motifs qui le poussent à ses créations [2 sections].

Chapitre V. — *De l'harmonie universelle.*

> Contenant une généralisation des principes ci-dessus acquis et l'établissement d'une conception de toute la nature à leur lumière; puis l'observation détaillée des sujets de souffrances qui existent dans l'humanité et qui paraissent

en contradiction avec cette harmonie de la nature ; suivie
d'une recherche de conciliation entre ces données afin de
situer à nouveau l'humanité dans le plan d'harmonie de
toutes choses ; après quoi se peuvent émettre quelques aperçus superficiels et provisoires sur l'ensemble de l'Univers ;
qui conduisent à la conception de la beauté théocentrique
et immutable du Tout [5 (longues) sections (avec diverses
subdivisions)].

Livre tiers conclusif. — *Etablissement des règles que dicte l'harmonie.*

Chapitre I. — *Du labeur.*
Contenant la déduction succincte du caractère que doit com
porter la vie de l'homme de pensée pour être normale.

Chapitre II. — *De l'objet du labeur.*
Contenant la recherche du plan de travail que l'auteur, pour
son cas particulier, aura devoir d'adopter.

Chapitre III. — *Des raisons du labeur.*
Contenant un retour en arrière pour s'assurer que l'on ne
s'est pas fourvoyé et que le labeur choisi est bien moralement justifié.

Chapitre IV. — *De l'exécution du labeur.*
Contenant la recherche de l'allure que doit posséder tout
labeur et du mécanisme d'ensemble propre à le réaliser
logiquement, ce qui porte à placer *l'observation* à sa base,
qui, à la suite d'une *action* de réflexions, porte à une
expression.

Chapitre V. — *De l'observation.*
Contenant quelques remarques sur la façon avec laquelle il
est nécessaire d'observer dans divers cas [3 articles].

Chapitre VI. — *De l'action : Définition.*
Contenant des notes sur le mode général suivant lequel l'esprit
doit s'appliquer aux choses observées pour en déduire les
vérités à exprimer.

Chapitre VII. — *De l'action : De la classification naturelle.*
Contenant l'application particulière de ce travail à la réalisation d'une taxonomie véritablement scientifique ; et où sont
exposées certaines vues préliminaires sur la phylogénèse.

la nature des espèces, les caractères propres à faire classer naturellement les êtres, les lois biologiques de la hiérarchie des êtres et l'établissement de la terminologie propre à définir cette hiérarchie [5 sections avec des subdivisions].

Chapitre VIII. — *De l'action : De la description de la végétation.*
Contenant l'application particulière de ce travail à l'étude des formations végétales à la surface de la terre [4 articles].

Chapitre IX. — *De l'action : De l'histoire naturelle universelle.*
Contenant l'application particulière de ce travail à l'étude de toutes les choses de l'Univers suivant un classement logique de l'objet de toutes les sciences [4 particules avec des subdivisions].

Chapitre X. — *De l'expression : De l'exposition immédiate des idées.*
Contenant la théorie élémentaire des œuvres normales du domaine artistique, les lois qu'elles doivent obligatoirement suivre, et les règles auxquelles elles peuvent être soumises en certains cas pour gagner en puissance d'expression [3 (courtes) sections].

Chapitre XI. — *De l'expression : De l'exposition médiate des idées.*
Contenant la théorie élémentaire des œuvres normales du domaine des lettres; comportant d'abord la création d'un langage universel de symboles, permettant l'expression adéquate de toutes les notions logiques relatives à un quelconque domaine de la nature sans passer par l'intermédiaire arbitraire des mots (1) ; puis quelques remarques à l'égard de l'emploi des langues communes; enfin la définition de la forme matérielle qu'il est souhaitable de donner au « Livre » [3 sections].

Chapitre XII. — *Le Seuil.*
Contenant la condensation de l'acquit obtenu dans cette préface et préparant à la lecture des parties suivantes (très court).

---

(1) Avec trois appendices corrélatifs aux applications définies dans les chapitres VII, VIII et IX.

LIVRE TIERS, CONCLUSIF

Etablissement des règles que dicte l'Harmonie

Mon lévrier appuya sa tête sur mon épaule, et je m'aperçus que mon cœur ne contenait pas seulement ton amour, [femme]. Aussitôt, les roses embaumèrent; les jardins furent silencieux.

Cours vers ce qui te paraît un mirage, tu peux trouver une réalité.

(Ex traductions de l'arabe, par Franz TOUSSAINT.)

Je te salue. ô mort, libérateur céleste,
Que tardes-tu? Parais, que je m'élance enfin
Vers cet Etre inconnu, mon principe et ma fin.
LAMARTINE : *Médit. Poétiques.*

La paix intérieure peut provenir de la raison, e. cette paix née de la raison est la plus haute où il nous soit donné d'atteindre.
SPINOZA.

Quelques difficultés qu'il y ait à découvrir les vérités nouvelles, il s'en trouve encore de plus grandes à les faire connaître.
LAMARCK.

Chapitre premier

De l'objet du labeur

Mon fils, ne vous laissez point toucher par la beauté
et la finesse des discours des hommes, car le royaume
de Dieu ne consiste point dans les paroles, mais dans
la vertu. (*Cor.* VI, 20).

Celui à qui je parle deviendra bientôt sage et profi-
tera beaucoup en esprit; *Imitation de J. C.*, III, 43.

Tamben, sono vers tu moun amo presoniero;
Prene-la, per t'ama dins l'eterne sejour...
Vole mouri, moun Dieu! Escouto ma preiero
Que lou jour de ma mort sara moun plus beu jour!
Antoinette RIVIÈRE : Li belugo.

Mais la nature est là qui t'invite et qui t'aime.
LAMARTINE : Méd. Poét.

Rester en marge parce que la marge est blanche.
H. DUVERNOIS et M. DONNAY : Le Geste.

Toutes les fois que les hommes communient par la
pensée, sur un objet unique, ils créent l'*eggrégore* correspondant à cette pensée. L'eggrégore devient une réalité vivante...
L. GASTIN : De l'homme à Dieu.

Si deux ou trois personnes s'assemblent en mon nom,
je serai au milieu d'elles.
JÉSUS-CHRIST.

Il n'y a pas dans le monde une raison assez forte
pour empêcher un homme de science de publier ce qu'il
croit être la vérité.
Ernest RENAN.

Les vérités que je viens d'exposer d'une façon si défectueuse sont, à tout prendre, peu nombreuses.

Elles sont remarquables cependant par leur caractère général et absolu dans cet univers.

Leur valeur réside surtout en ce qu'elles ont de puissamment fondé vis-à-vis de l'homme. C'est par son esprit même, en effet, qu'elles sont manifestées, de telle sorte que, en les discernant, chacun réalise par là, même épreuve de leur existence.

Et c'est là ce qui peut suppléer aux moyens dont j'ai été pour faire adhérer d'une autre manière, à leur croyance.

Au moyen de l'expérience, nous avons pu démontrer qu'il existait dans les corps de la nature une harmonie intellectuelle.

Cette harmonie qui est sensible seulement à des facultés immatérielles relève nécessairement d'une intention créatrice de même nature.

Par l'examen de faits indubitables, nous avons établi qu'il existait également entre les êtres immatériels des liaisons éternelles.

L'aperçu de ces liens est dû à la forme humaine, mais il est certain qu'elle se borne à déclarer des sentiments qu'elle revêt.

Une sensation esthétique est le véhicule qui relie les âmes.

De là, hypothèse de ce que la Beauté doit être un attribut du Créateur.

Et de ces relations, il faut évidemment déduire aussi qu'elles ont été conçues par une intelligence éternelle.

Toujours expérimentalement, il a fallu reconnaître une empreinte de haute moralité à la nature de cette harmonie entre esprits.

Cela tient donc à ce que l'âme qui les a liées était remplie de l'idée du Bien.

Enfin, ces mêmes constatations sur les phénomènes affectueux nous ont fait entrevoir que l'âme avait des fonctions parfaitement déterminées qu'il lui était impossible d'employer sur terre. Mieux, que ces désirs manifestes étaient à chaque moment de l'existence contrecarrés par toutes les catégories de nécessités de l'existence.

Donc notre déduction a été imposée, par ces faits, qui est une survivance de l'homme sur le corps auquel elle est liée.

Ensuite l'étude de nouveaux ordres de faits psychologiques également certains, ont laissé connaître qu'un amour existait des esprits pour les formes naturelles. Cet amour qui est encore une nouvelle harmonie, s'exerce sur des objets créés qui ne peuvent être que le reflet, le visage de Dieu.

Il est indispensable de conclure de ceci d'abord que c'est l'intelligence ordinaire que l'âme aime dans la nature.

Ensuite, par l'inutilité physique évidente de son existence, cet amour vient à son tour appuyer notre croyance en ce que l'âme aura à aimer encore après avoir quitté la terre.

Alors, examinant l'homme seul, en tant qu'actif, nous l'avons perçu lui aussi, créateur d'harmonies. Nous l'avons vu poussé par une soif infinie, chercher la prééminence sur la matière figurée, empreindre dans des faits indubitables la marque de sa personnalité.

Cela nous a amenés à supposer le motif qui préside à la création par Dieu et à établir que toute âme est portée à s'objectiver et à se contempler elle-même.

En résumé, ces faits ayant été acquis, je me suis essayé à en découvrir les liens.

Il m'a fallu conclure en ce que tout dans l'univers était commandé par l'esprit.

Et que l'action de l'esprit se bornait à deux modes. L'un qui est de chercher à se représenter une âme autre que lui, et grande. L'autre qui est la recherche de sa propre extériorisation qui lui permette de se concevoir lui-même, et lui-même grand.

§ II

Ce donc, qui est non conforme à l'esprit premier, est erreur.

Chaque fois qu'il y a malheur et choses déplorables, c'est immédiatement le faire d'une tromperie.

Et j'ai cru pouvoir établir qu'à l'origine du monde humain, tel est son état présent, il est une de ces fautes.

Mais cela permet de voir aussi, comme il nous est permis d'espérer quelque chose de bon pour dans un temps.

Et qu'un jour l'harmonie de l'esprit nous sera donnée.

Tout dans la création est harmonie.

Même en cette terre où l'association fautive d'un esprit avec de la matière est le sujet des chagrins humains, il se trouve encore que l'harmonie règne.

Et par dessus tous les obstacles la main divine dirige chaque objet vers le bien. La faute est de ne le point voir.

Voici pourquoi il faut adhérer aux croyances de beauté qui forment l'essence de la religion.

Car elles sont l'expression de la vérité même.

Voici pourquoi l'homme qui veut agir à son tour, dans le sens de l'harmonie. doit tenir présent devant les yeux le tableau magnifique de l'action céleste.

Se plonger dans la vie de foi, d'amour et de don.

N'avoir d'autre projet que de satisfaire et de soutenir ses désirs idéaux.

§ III

S'il était possible de réunir et de réaliser à la fois les aspirations de l'âme, le résultat lui serait réellement plein de délices.

L'esprit en quête s'associerait à chaque moment à toutes les formes qu'il rencontrerait.

Il trouverait d'autres esprits dans lesquels se fondre.

Il communierait de même avec l'expression de la matière.

Enfin un libre cours serait donné à son activité créatrice.

Et cet univers inexistant, mais dont la nécessité apparaît, s'apparente absolument avec celui dont le livre premier a essayé de vous figurer quelques traits.

Manifestement celui-ci donnait l'image (quoique fort incomplète, pouvons-nous espérer), de la vie future que nous connaîtrons tous.

Et pour ceux qui, ainsi que moi, croient à un premier état de dignité de l'humanité originelle, il peut être regardé comme un souvenir du « Paradis terrestre ».

Ainsi la synthèse et le pur raisonnement m'ont amené à construire ce que des intuitions puériles m'avait déjà dicté. Comme si alors mon âme, incapable de pensée, eût été en relations plus directes avec le *Sens*.

Je suis amené, à nouveau, à prendre pour modèle de grandeur la nature toute entière, avec ses rochers, ses cascades, ses arbres, et le ciel. Et au lieu d'elle tous ses habitants animaux. Et qui peuvent se nommer *Amig* et *Bomhu* et *Bjeurn*.

Puis dans leur cercle, l'evandrogyne apparaître; symbole de la beauté humaine, et qui est la fée comme *Venina* ou *Jan*.

Mais afin de faire circuler dans ce peuple des sentiments plus nombreux, que chez l'homme on peut trouver : respect, protection, soumission, désintéressement, je déferai cette conception d'androgyne, j'allongerai les cheveux des fées, et je les munirai d'ailes pour qu'elles paraissent plus faibles et plus légères.

Puis je prendrai au contraire des hommes trapus, avec une barbe qui exprime la domination, et ce seront des travailleurs, les puissants à la cervelle et aux bras forts : artistes et mineurs.

Et ils ne sont que les nains : *Hog* et *Kur* et *Henri* et *Simon* et *Jacques*.

Enfin, on peut figurer la fusion de ces deux types dans un personnage unique. La véritable figure humaine angélique : le médiateur, l'intermédiaire entre Dieu et la Création. Il aura la grâce du corps et toute la beauté, mais non point naïve, sinon majestueuse et rayonnante de compréhensibilité. Ce sera le chef de l'univers.

Ce monde idéal se caractérise dès lors avec simplicité pour moi. Il est formé d'abord de la foule innombrable de toutes les créatures : les bêtes et les plantes qui agissent chacun avec leurs modes particuliers. Il comprend ensuite l'homme-animal supérieur. Au-dessus, l'homme-figure spirituelle; enfin un Roi : *Vekione*.

Il est légitime d'espérer avec impatience un jour où nous contemplerons sous l'ombrage tendre de quelques pins, un quai de chemin de fer tapissé de bromes, de fétuques, de mélampyres. Un convoi s'arrêterait avec lenteur, conduit par le rustique mécanicien étreignant une locomotive charmante. Un chef de train, vêtu de lierre, descendait en annonçant quelque station comme : « la clairière du chêne incliné »; des ours ou des écureuils en descendraient. Et les chariots se reprendraient à glisser dans un souffle, alors que la théorie d'ours cagneux disparaîtrait dans l'ombre en foulant l'herbe claire.

§ IV

Oui, il est permis à l'homme d'attendre cela, ou plutôt ce que ces choses servent à représenter.

C'est-à-dire la tâche obligatoire de l'homme, dominatrice et tendant à un but lucidement entrevu. Cette tâche s'épanouissant au milieu des éléments de vertu, de vérité et de beauté qui sont l'expression naturelle de la création; cette tâche agissant en communauté avec eux, réalisant l'entente de l'excellent et parvenant à se confondre avec l'écoulement normal et enchanteur pour l'âme de la faculté divine qui nous a créés.

Car dès que le spectacle de la terre en quoi l'âme se délecte est par elle revu, quand ce spectacle est œuvre empreinte profondément de Dieu et que nulle action humaine n'a concourue à créer, voici qu'à sa forme l'âme résonne et répond : oui.

Aussitôt il semble qu'elle se secoue dans le corps pour se mouler sur la nature qui l'entoure et communier ainsi avec l'esprit, son père.

Mais elle ne peut point y parvenir. Et cette impuissance est le gage triste de l'incomparable jouissance à venir.

Le corps est ici, tel un geôlier barbare, pour l'empêcher de se joindre et s'unir à son époux spirituel substrat de la beauté.

Il sera fort béni le jour où la mort viendra arracher du cachot la porte. Cette mort enfin, naissance véritable. Cette mort charmante aidera l'esprit à se dégager.

Alors il pourra fuir à toute vitesse du pays de son exil et gagner la patrie.

Et du lieu régi par des volontés anguleuses, ce sera un domaine d'harmonie totale qu'il trouvera à l'heure de notre mort. Notre esprit.

§ V

Nous mourrons. Oui, en vérité nous allons mourir, et ce va être bientôt.
Alors nous éprouverons, les chaînes se rompant.
Alors nous nous sentirons enlevés dans un souffle.
Alors les choses deviendront lumineuses et limpides.

Nous regarderons notre corps abandonné par terre; nous le verrons peu à peu qui pourrira; et nous communierons d'intention avec les bactéries qui s'acharneront à le détruire.

Certes, nous récupérerons avec bonheur, car il y a lieu de croire que choses semblables seront, un jour donné, s'il faut, un corps; mais il aura changé alors, et ne nous sera plus une cause de chagrin.

Puis nous retrouverons les âmes aimées.

Puis la nature sera bien agréablement éclairée.

Puis l'extase sera peinte partout.

Puis, dans un baiser unique, nous pourrons étreindre une foule d'êtres sans duplicité.

Enfin nous connaîtrons l'Etre parfait.

Nous nous abreuverons aux sources de ton amour, Seigneur.

Que de rafraîchissements nous sentirons, et de lumière et de paix,

Oui, mes frères, ce jour vient, il va venir, nous le connaîtrons.

Aussi, je dois cesser là un discours désormais superflu.

L'assurance que l'homme possède, de par sa nature même, qu'il va bientôt vivre en fait.

Et qu'il possédera ce qui lui manque.

Cela est capable de faire sa force.

Il doit en cette idée puiser les éléments d'un perfectionnement de sa vie.

Le regard que Dieu lui accorde, manifeste la voie qu'il aura à suivre.

La conscience qu'il acquiert du Vrai, doit le pousser à agir suivant ce réel.

Et ici-bas, il devra s'appliquer déjà à lutter contre les puissances mauvaises qui le contrarient.

§ VI

Il faut donc comprendre d'abord que l'âme peut chercher quelque peu son idéal sur la terre. Il lui est permis de se plonger dans une vie de contemplation.

Et tout ce qui fait de sa vie une action conforme au sens de l'univers est obligatoirement Bien par soi-même.

Que l'âme cherche donc tout ce que lui représente l'esprit et les qualités

les plus hautes qu'elle puisse rechercher; qu'elle se délecte dans une vie
exquise, toute d'affection; que cet amour se manifeste pour des êtres
humains ou pour la nature.

Ou même, s'il est possible, pour la représentation théorique que l'on
peut se faire de Dieu.

L'amour ne fait pas couler dans l'âme un poison de tendresse amollis-
sante. L'amour donne de la force et élève le cœur comme sur un piédestal.

L'homme, épris puissamment, reçoit, par sa dilection même, un courage
assez grand pour, par exemple, se séparer de l'être même qu'il aime.

L'amour peut faire appliquer ce courage à n'importe quelle création;
il est capable de faire accomplir des sacrifices immenses.

L'amour, par le fait de la communion qu'il réalise entre deux images
d'âmes, détient un caractère d'immatérialité supraterrestre. C'est un appel
de l'infini, un besoin pour l'esprit de s'envoler. Il cherche à rompre ses
attaches corporelles afin de pouvoir s'unir réellement à son principe.

De là, l'amour est mélancolique. Souvent, ceux qui aiment profondément
sont emplis d'une tristesse haute mais nostalgique qui les conduit souvent
jusqu'aux larmes.

L'amour, au rebours, grâce aussi à cette action d'accroissement spirituel,
est une source de vertu. Il rend l'âme plus consciente d'elle-même. Il lui
fait toucher directement des phénomènes existants et improductibles sur
terre. C'est comme s'il lui montrait un au-delà certain. Aussi, à cette
vue, l'âme sent plus justement la véritable valeur des choses. Elle abandonne les détails dans lesquels elle se consacre à la recherche unique du
souverain réel et du souverain beau.

Deux esprits unis s'ajoutent et se combinent. Ils forment une nouvelle
âme, plus digne, plus puissante, plus nécessaire à d'autres.

Tout amour juste est un ennoblissement. Tout amour est un détourne-
ment de maux.

§ VII

Mais, il ne faut point oublier que l'amour peut souvent être empreint
de fausseté.

Lorsqu'il a pour objet un être créé unique, il est souvent motif de chagrin
pour l'aimant.

Et il est bien difficile de réaliser un accord vraiment complet.

Puis, ce qui est plus grave, cet amour peut engendrer de la partialité en faveur de l'individu aimé.

Il peut produire des injustices, de la jalousie.

Jamais il ne faut lancer son esprit sur un but sans discernement. Que l'on sache avoir une vie d'affection afin de se perfectionner. Afin que par elle aussi le prochain soit amélioré. Mais que toujours le jugement et le sens du devoir dominent.

Il ne faut pas se laisser conduire par l'attrait de la joie. Mais par le vouloir raisonné d'agir en conformité avec celui de Dieu.

Et plutôt que de s'attacher à une contemplation égoïste.

Il est meilleur de souffrir muet d'une solitude d'âme entière.

Du moins, l'âme possède à côté du désir effectif d'acquisition un besoin d'action extérieure.

Et contenter cette aspiration est une nouvelle forme d'agissement harmonieux.

J'ai essayé de révéler, dans les formes multiples que revêtent ces offrandes de l'esprit humain, une nature identique.

Le but que devra se proposer l'âme pour les effectuer est donc peu de les choisir d'un mode défini. Elle s'attachera plutôt à suivre l'inclination et le penchant de sa forme personnelle.

Et c'est ainsi qu'elle réalisera l'effet logique qu'il lui appartient d'accomplir dans l'univers.

Cet effet peut être celui d'une affection de protection.

Celui d'une inspiration picturale, ou de tout autre art.

Celui d'une bienfaisance qui s'exécute pour elle-même.

Celui d'une création scientifique nouvelle.

Ou une recherche simple du Vrai.

Quoi qu'il en soit, ce sera toujours le résultat de la réalisation d'une image de l'âme. Effet de désir qu'il y a pour l'homme à avoir son individualité manifestée dans une réalité tangible.

Ces actions seront la consolation unique de son existence.

Elles viennent lui donner une preuve de sa vie.

Manifester qu'il est attaché au véritable.

Adoucir l'attente de la solitude terrible où il est obligé de demeurer.

§ VIII

J'ai fait voir effectivement combien est plongé dans un profond abandon chacun des individus de l'humanité.

Il est vain, en raison de cela, d'espérer réaliser des unions réelles entre eux.

Les sociétés, quel qu'en soit le but, créent à chaque instant des peines et des empêchements. Car toutes les créations de l'homme ont la rigidité des machines.

Et la délicate souplesse des âmes et leur individualité intangible ne s'y accommoderont jamais.

Pourtant, vous et moi, Messieurs, nous possédons la même ambition.

Vous étudiez les mystères mêmes que je m'évertue à discerner.

Je cherche un bien que vous accomplissez à tout moment.

Le fait de cette action commune est un fait. Il est un des constituants voulus de notre *continuum*.

Or il n'est aucune chose qui en porte le témoignage.

Je suis retardé dans les mouvements que j'effectue, contrarié dans la tendance qui me dirige vers l'Unité.

Et il n'est point de terrain qui permette aux hommes de se communiquer leurs avis pour qu'ils se persuadent les uns les autres.

Les mêmes vérités qu'il y a besoin d'extérioriser et d'enseigner ne sont pas également acquises à tous ceux qui les sentent.

Et il n'est point de voix commune pour exprimer chacune dans sa clarté.

Et lorsque l'on réfléchit à toute la profonde importance que ces mêmes idées renferment, on doit convenir de l'existence d'un vide singulier.

Tandis que l'amour pur et le désir de créer sont des choses universelles et infiniment définitives, il n'y a pas l'adhésion conforme de deux hommes pour les déclarer...

Tandis que leur impulsion produit les seules beautés de l'état humain, il n'est pas une académie pour les définir, et pas une école pour les enseigner...

C'est le désir, bien malaisé à satisfaire, que ce vide soit, pour un peu, réduit, qui a amené à définir, le 31 décembre 1921, l'Ordre du Trèfle. Traduction pratique d'une « *Laboris in Deo humana Communio* ».

§ IX

L'ordre du Trèfle ne put chercher à être une association étroite. Il est comme une liaison; mais peu un 'lien.

Sa raison d'être, on le voit, avant qu'une nécessité pratique, est qu'il symbolise une idée.

En réalité, et normalement *Laboris in Deo humana Communio* est sans action, elle se borne à être (1).

Mais évidemment lorsqu'une décision doit être prise, la « Communion » doit savoir s'unir avec précision. Et elle peut décréter la nature du Véritable; ou de ce qui le doit devenir.

Un père de famille aime savoir avec certitude que, en cas de mort, un sûr ami le remplacerait auprès de ses enfants.

Pourtant, tant qu'il n'est pas mort, même lorsque la promesse de l'ami lui a été livrée, ses enfants ne possèdent toujours que lui seul. Ainsi l'Ordre du Trèfle peut ménager, conformément aux directives qui le régissent, des points de contact et causer pour ceux qui espèrent un bien, de là confiance et de la tranquillité. Et c'est seulement en cas exceptionnels que les attaches qui le constituent se réalisent effectivement.

Rien n'est immuablement fixé dans les groupes dépendant de *Laboris in Deo humana Communio*. La règle est qu'il n'y en ait point.

Il ne règne en eux nulle coutume sans utilité.

Le seul principe immuable de cette association est que l'action en conformité avec ce qui est bon et véritable, quant à l'âme, doit être le but unique que se propose l'homme,

Ses applications sont indéfinies.

Quiconque peut, sur son seul désir, s'associer à l'œuvre de la Communion.

§ X

Ces quelques paroles sont trop mal formées. Et rien de ce que je veux exprimer ne peut sortir de mes lèvres avec une qualité persuasive.

(1) Car le contact qu'il constitue atteint les âmes dans un domaine au delà des choses de ce monde. Il est l'expression de la communion consciente des pensées dans le désir de l'élever.

Pourtant, Messieurs, si, malgré elle, il est possible de discerner le sens de l'objet que je viens d'effleurer, je sais qu'il est quelques âmes qui ne le désapprouveront pas.

Et j'ai l'espoir, alors, qu'elles voudront bien ne pas prendre compte de la faiblesse de mes discours, mais s'unir au but qui les a inspirés.

Et c'est un élément de consolation que sentir à son faible esprit une escorte solide d'esprits.

Et c'est peut-être de ma part aveuglement singulier. Mais il faut que j'avoue une chose. Il me parait qu'il est quelque chose de touchant et d'appréciable dans le but de l'œuvre dont je parle.

Parce qu'elle est le résultat d'une recherche de mieux en plusieurs points; et qu'elle tend à dégager des entraves inutiles de ce qui est inconstant.

Parce qu'elle manifeste un bon vouloir chez quelques hommes, et qu'il ne faut pas désespérer qu'ils n'atteignent, un jour, à beaucoup mieux.

Enfin parce qu'elle est l'effet des aspirations les plus louables de leur âme, et qu'il porte la marque d'un amour universel qui les anime et dont la signification dépasse le cours des temps.

Ce n'est toutefois pas le lieu où il est à développer l'exposé de la nature de ce groupement, de son envergure, et de son utilité pratique. Je me tiens à la disposition des personnes qu'une œuvre hautement spirituelle en même temps que positive par son but et ses méthodes, est susceptible d'intéresser, pour les renseigner avec le degré de détail utile.

§ XI

Il reste vrai cependant que l'utilité, toute idéale, de *Laboris in Deo humana Communio*, n'empêche point la solitude obligée de l'homme.

Celui-ci continue à demeurer semblablement abandonné à ses efforts personnels.

Et c'est ainsi que sur terre pour lui la vie doit être.

Au milieu des harmonies érigées par tout ce qui est conforme aux aspirations de l'esprit, l'humanité apparaît, comme il me semble clair, ainsi qu'un organisme déséquilibré.

C'est pourquoi elle est avant tout pitoyable.

Mais cependant cette situation si triste lui est acquise justement par la diversité de ses penchants, par lesquels elle est attirée soit vers des objets purs et désintéressés, soit plutôt du côté d'une multitude d'occupations fugaces et souvent futiles, bien que, au contraire, parfois nécessaires; soit enfin qu'elle se soit laissé entraîner aux divertissements les plus bas et les moins avouables.

En présence du spectacle de ces faits, il semble s'imposer, pour tout être soucieux du bien public, de chercher comment la gravité de cet état de choses pourrait être amené à cesser.

Et, chose qui est bien la plus pénible en cette question, on est conduit à estimer qu'il serait utopique d'espérer le découvrir. Car la situation de la société est bien le résultat même de la nature humaine.

Il est évident que le seul chemin qui pourrait conduire l'homme à l'état de félicité que j'ai essayé de dépeindre au début de cet ouvrage comme normal selon nos aspirations, est celui qui le ferait pénétrer dans cette harmonie universelle dont la loi en était la base. Or, cette entrée ne serait réalisable que si l'homme était un.

Si l'homme était seulement un ange.

Ou s'il n'était qu'une bête.

Et il lui est impossible de devenir un pur animal. Il naît avec une intelligence. Aucune force ne saurait empêcher celle-ci de travailler naturellement, et de dicter certains de ses actes à son corps serviteur. Et de là il est fatal que l'envie pénètre l'assemblée des hommes; puis l'ambition, et toutes les luttes sur lesquelles est fondée notre société.

Pour, donc, que l'homme puisse entrer dans la loi, il ne reste qu'une possibilité.

C'est qu'il devienne ange.

§ XII

Vous connaissez, Messieurs, que le terrible est bien là. Il est impossible que tous nos frères, et nous, nous devenions comme des anges.

Dans un grand siècle, il y a un homme, ou une paire, qui y parviennent. Et plusieurs milliards ont vécu.

Aussi est-il obligatoire de renoncer à l'espoir de conduire l'humanité dans un état terrestre d'harmonie. Si l'humanité n'est pas d'abord elle-même transformée.

Je trouve, malgré cela, que les précédentes réflexions doivent permettre de déduire le but que l'homme de bonne volonté se proposera ici-bas.

Il est vrai que l'on peut participer aux besognes sociales qui améliorent un petit peu la situation matérielle, et même morale, des êtres humains.

Et cependant ce n'est point là le moyen de les amener à l'Universelle Loi. Car, ils seront, par ces procédés, enfermés plus profondément dans l'étreinte contingente du monde. Et pour ceux qui s'activent à subvenir à leurs désirs, ce peut être quelquefois une application bien inférieure des énergies inspirées qui les hantent.

S'il est impossible de faire régner la pureté dans notre société, il est possible à nous subjectivement de nous en rapprocher.

Car celui qui possède vraiment la foi spirituelle sent qu'il est toujours plus grand de se rapprocher de l'Esprit, que de faire n'importe quelle action terrestre.

Celui qui convainc par son exemple à trois de ses disciples qu'il n'y a pas de Mal, accomplit davantage que celui qui a aidé cinq personnes à supporter le Mal.

Aussi me semble-t-il qu'il est mieux de négliger, *a priori*, plutôt les choses d'ici-bas. Et alors, de se confier à ce qui est plus haut.

L'homme est faible. Il atteint difficilement une perfection restreinte. Hélas! oui. Il ne pourra donc pas forcer sa nature.

Il n'est pas conforme à la loi de s'évertuer à des recherches qui ne sont pas de notre puissance.

Le bon est de suivre les indications de cette loi, comme elle se manifestera au travers de nos personnes. Dans ce que celles-ci ont de noble. Suivre les indications de notre nature, en tant que celle-ci est proche de l'état d'ange; voilà le résultat pratique qui me paraît se déduire des quelques réflexions exposées dans cette Préface.

L'homme, faible, est obligé de faire effort pour effectuer toute activité; c'est-à-dire de travailler. Cette loi est donc encore nécessaire. Ainsi, *le travail, dans le sens où il est voulu par sa spiritualité individuelle*, sera, je crois, le but que l'on devra se proposer de réaliser dans ce monde.

§ XIII

Il convient à l'homme, ainsi devenu un travailleur, de circuler seul à seul avec Dieu.

Il doit écouter le langage que tient à son cœur unique la foule naturelle.

Il faut qu'il suive, en s'examinant lui-même, le fil des idées qu'elle amène en lui.

Puis avec ferveur qu'il s'astreigne à réaliser le vœu qu'elle lui fait exprimer.

Si deux hommes sont unis, ils ne le sont que par l'intermédiaire de l'âme générale de la création.

Ils marchent côte à côte, c'est exact. Mais ils ne peuvent se saisir la main.

Et dans le but d'être francs, ils n'utiliseront leur rapprochement que pour simuler à eux et au dehors qu'ils sont enlacés.

Ils essayeront de créer un langage commun.

Ils essayeront, uniquement de créer un langage commun qui sera à leur imitation adopté par tous.

Bercé dans une harmonie triste, tout intérieurement, il faudra que l'étudiant seul cherche.

Il s'acheminera pour mettre dans son œuvre toute une ardeur dont il est animé.

Je crois qu'il ne doit pas songer au présent, mais à l'absolu.

Il éprouvera bien souvent de la fatigue, probablement. Mais qu'il n'y prenne point garde.

Ne regardez pas en arrière. Ni à droite, ni à gauche.

En face, il est possible d'entrevoir les espaces illuminés d'infini; et la route à suivre les gravit avec ardeur.

Cette ascension rude, l'homme ne devra l'interrompre jamais.

J'ai atteint une étape première. Il a été possible de prendre l'orientation et de reconnaître le chemin. Il ne faut pas différer le départ.

Dieu se manifeste à l'homme.

Il n'y a de vie que pour un moment.

Et l'univers entier marque un but à l'âme qui l'habite.

Il s'agit de grimper péniblement toujours. Mais de s'élever toujours.

Que l'on puise, dans la besogne même à laquelle on s'acharne, les forces utiles pour la continuer.

Avec celles qui nécessite une consécration à l'entier renoncement.

Que l'on recueille, quels qu'ils soient, les problèmes.

Que le guide soit suivi de la conscience.

Donnons-nous entiers à la Providence.

L'homme doit, volontairement, se condamner au travail.

§ XIV

Il ne convient pas à l'homme de prendre inquiétude de la **matière.** Puisque la division nécessitée par la nature de celle-ci est inférieure en dignité.

L'âme doit donc, qui est seule, l'individualité pensante, tendre à l'unité, se rapprocher de Dieu.

Cela se fait d'abord négativement. Car il est nécessaire de prendre un grand détachement du corps. Et cela est un travail rude. Ainsi, d'abord, se rapprochera-t-on de Dieu. En ce sens que l'on ne s'éloignera plus de lui (en s'attachant à ce qui est divin).

D'autre part, il est possible de prévoir un procédé positif de tendance vers la pensée suprême. Comme on le sent bien, cela doit consister à rechercher, par manière d'adoration, les traces de cette pensée.

L'esprit de Dieu est manifesté à l'homme, qui pâtit dans la matière, par la Création physique, presque seulement. Le geste noble, unique, consistera donc, il me paraît, dans la recherche de la divinité, à travers son œuvre. Ce qui veut dire : étudier, en toute humilité, l'intégrité de la nature.

§ XV

Je me trouve enceint de tout un monde d'inconnu.

Dans ce livre, les objets que j'ai étudiés peuvent se résumer, si je dis que j'ai essayé de trouver le rôle et la nature de l'esprit dans ses rapports avec l'univers.

Mais, cet essai n'a pu, à cause de mon incapacité pour le traiter, produire une science bien grande.

D'autre part, l'étude qu'il représente s'est effectuée dans une manière très générale, et, peut-être, insuffisamment substantielle.

J'ai bien fait voir que l'esprit était commandé par l'amour ou l'objectivation. Mais, je n'ai pas dit quels étaient les esprits possibles. Et, étant donné un esprit, quelles seraient les âmes, ou les formes, qu'il devrait aimer; et la production qu'il devait accomplir.

Puis, ce problème, j'ai cru devoir le prendre pour base de toutes mes études. Parce qu'il faut se baser sur les rapports entre les choses pour trouver l'explication de leur nature. Mais il est bien minime au milieu de tous les mystères.

J'ai parlé de Dieu, des esprits, de l'âme, des hommes. Ne pourrait-on pas essayer de connaître quelques qualités de Dieu, des esprits et des hommes? et quels rapports les âmes dans le monde immatériel peuvent avoir? Et quels motifs ont les phénomènes psychiques, occultes en quelque manière que ce soit, que nous constatons avec tant d'étonnement?

Ce sont là choses que je n'ai pas encore effleurées.

L'univers corporel, paraissant insondable d'immensité, est plus digne d'intriguer, si l'on y songe, encore.

Pourquoi l'eau est-elle liquide et le quartz géométrique? Quelles causes sont venues donner à cet homme un nez allongé? Quel rôle jouent les batraciens selon l'esprit créateur des formes dans l'économie physique de la nature? Pourquoi les feuilles du chêne sont-elles lobées et celles du cyprès squamiformes? Quelles raisons ont fait que les hémiptères existent? Qu'est-ce qui fait l'abondance de l'oxygène dans l'atmosphère de la terre? Pourquoi Saturne a-t-il un anneau? Quels motifs ont les corps de grossir par la chaleur? Pourquoi les organismes sont-ils faits de cellules? Qu'est-ce que la vie?...

Lorsque je suis placé en présence de cette majesté de toute la nature, si je passe en revue ce que j'en sais, c'est alors que je saisis mon ignorance. Voici des formes innombrables.

La tête sait à peine les distinguer. De leur vie; de leur rôle; elle ne sait presque rien.

Et ce peu que je sais, Messieurs, c'est à vous, non à moi, que je le dois.

Je me sens honteux à la pensée que j'ai osé vous proposer des théories personnelles. Alors que mon savoir ne m'appartient pas.

Quelques minimes observations et grandement médiocres viennent de moi-même, c'est véritable.

Mais l'édifice entier de ces sciences, sur lequel je me suis appuyé, je ne lui ai encore apporté un grain de sable, pour ainsi dire.

Oui, Messieurs, je vois ce qu'il est de présomptueux en moi.

Je connais combien seront bien fondés les sentiments de pitié que l'on ressentira pour mon impuissance.

Alors que j'ai prétendu, déjà, discuter, et donner le modèle d'une méthode évidemment au-dessus de mes moyens.

Il est vrai que cet acte fou possède le mérite, du moins, d'être sincère. Il est le résultat de la dictée de ma nature, que j'ai traduite avec toute l'absence de mensonge qui a pu m'être possible. Et je demande à ce qu'il me soit pardonné de l'avoir fait.

Maintenant je vais bien vite abandonner ce sujet.

Je veux à mon tour chercher de nouveaux faits.

Je découvrirai peu, je le comprends déjà. Mais tant qu'il me faudra demeurer dans le monde, je voudrais que mon travail servît cependant à quelque chose d'absolu.

Et ce labeur possédera l'objectivité complète.

J'aurai ainsi, je crois, la sensation d'agir suivant le rôle faible, mais juste, qui m'est assigné dans la sublime action universelle.

Car puisque les faits m'ont imposé une croyance à l'obligation de procédés égocentristes pour agir, je devrai continuer à travailler suivant les données de mon inspiration particulière.

Chapitre II

Divisions des problèmes

Den lille gossen sedan ifrån sina spädaste år infrän-
tade en liflig kärlek för blomsterverlden.

Th. FRIES : *Karl Linne.*

§ I

Les questions que je viens de nommer se posent dans tous les esprits. Car leur importance absolue est considérable.

Mais selon le caractère spécial de chaque homme, ils se présentent sous un aspect différent. On accède à eux par un examen de détails. Or les détails que l'esprit examine, sont choisis au milieu du monde par lui. Car il est nécessaire pour l'édification d'un travail complet. Et il est nécessaire pour l'épanouissement normal de la pensée du travailleur que l'on étudie des objets divers. Et qu'on les étudie avec généralité et que l'on en examine des détails.

Et le choix que l'esprit fait est délimité par ses propres tendances.

La manière d'être propre à chacun, non dépendante de ce qu'il veut, réside visiblement dans ce qui le porte à étudier certains objets. J'ai dit ces choses en introduisant à cet ouvrage. Et le fait que chaque homme étudiera suivant ses directives naturelles, sera la cause de sa rentrée en l'harmonie universelle.

Je vais donc ici définir le logique objet de mes efforts.

Il me faut tomber dans le vice que je hais : je vais parler de moi-même.

Mais la recherche que je sens le besoin d'accomplir sur ce qui est juste, m'oblige à déterminer ma place normale. Car mon être, effectivement en évoluant s'accorde successivement à certains faits afin d'entreprendre leur pénétration.

Et ces faits, nécessairement, bornent autant de *cycles* subordonnés de travaux.

§ II

Des herborisations

J'ai le souvenir que toujours le spectacle des paysages de la surface terrestre, m'ont frappé. J'ai conservé la mémoire des émotions étrangement intenses qu'ont pu me causer, dans l'âge le plus restreint, la vue du charme des ensembles naturels.

Et cela est bien compréhensible, du moins je le pense, car je n'ai, en outre, jamais rien pu voir qui me parût aussi touchant que cette accumulation si belle des formes douces de la végétation.

Aussi, il me semble impossible que, saisie d'amour pour tant de splendeur, l'âme ait d'autre désir que de venir se plonger en elle; l'étudier, la comprendre sous toutes ses faces, et toujours mieux.

Le problème, pour moi au moins, chef de tous les autres, considérable et magnifique, à la résolution duquel mon esprit s'attachera d'abord, est celui-ci. Je veux approfondir les mystères des aspects de la végétation : sa répartition, sa forme.

Lorsque je tournai mes recherches sur cela, j'étais encore fort enfant. L'obscurité dans laquelle se mouvait mes vagues aspirations m'eut bien empêché d'en déterminer le motif.

Aussi, il m'est assez difficile, encore à l'heure actuelle, de le dire avec certitude.

Un loup est un loup; il vit de chair; qui l'ignore?

Quelle est cette petite herbe? Comment vit-elle? fort peu le savent. Il est en effet dans les plantes considérées spécifiquement quelque chose de mystérieux poétiquement. D'ailleurs les plantes détiennent des propriétés médicinales dont l'action est ignorée et même la cause. Il est donc un principe vaguement occulte dans le règne végétal. J'ai dit plus haut l'attirence qui possède l'âme au sujet des objets de ces domaines. Aussi posséder le nom des plantes, sentir qu'on les connaît, qu'on sait leur rôle alors que la tourbe l'ignore, c'est un peu posséder ce savoir quasi empreint de sorcellerie, dont l'attrait pour une portion de l'âme n'est pas douteux. Telle est, peut-être, un motif à qui j'ai dû de choisir comme objet de mes études; les végétaux. D'ailleurs, il n'agit plus sur mon âme, maintenant et depuis bien longtemps.

Mais en vérité, ceci réside dans la considération des espèces une à une. Et quand j'y songe sérieusement, je m'assure combien celle du tapis végétal est ce qui enivre et étonne.

Ce sont là, choses que j'ai touchées ci-dessus dans le troisième chapitre du livre second, et, là, je n'en veux point reparler. Mais il faut bien voir que c'est le sujet qui s'empare d'abord de l'âme primitive curieuse. C'est que les végétaux sont les plus puissants **traducteurs des manifestations d'un** spectacle de la nature.

L'astronomie n'intrigue que la curiosité la plus haute : la géologie **dit** quelque affaire à l'amour, mais seulement par la tectonique : selon l'allure de la plaine ou montagne. C'est tout. Un cerf ou un blaireau expriment, il est vrai, quelque chose dans un paysage, mais l'innombrable foule des petits animaux ne parlent rien du tout; déjà, il faut être un savant pour qu'en rencontrant *Aphodius alpinus*, on en déduise être sur une montagne. Au contraire, quelle expression ne détiennent pas les plantes! Est-ce une forêt de chênes ou une de sapins. Voici un sec coteau au gazon court et jaune. Ou est-ce une humide prairie à l'herbe grêle et drue. C'est une dune semée de quelques grasses Halophytes. Ou bien on découvre un roc couvert de lichens et fissuré de mousses, de lycopodes, de fougères et de tout?

Oui, vous êtes, plantes innombrables, mes fidèles amies. C'est, en vérité, vous qui êtes la forme sous quoi mon âme trouve à se rafraîchir. Et ainsi, j'aime d'abord votre groupement.

La véritable pâture que mon esprit recherche, ce n'est donc pas tant les *plantes* que la *végétation*. Car si l'esprit est saisi par le mystère d'une herbe, le véritable spectacle qui l'éjouit et la magnificence douce de **leur** union.

En outre, ce que l'on observe « in vivo », c'est en premier lieu **la** végétation.

Rien de la connaissance des plantes n'est si assuré par expérience que **la** réalité de leur association fixe en des paysages définis.

Le questionnaire interminable que me trace la nature se résume tout d'abord en l'aspect de la surface terrestre. Et ce n'est que la végétation. Pourquoi ces assemblages précis? Pourquoi cet arbre croît-il ici et point cet autre? Pourquoi du vert? Pourquoi des fleurs? Pourquoi ces **formes** et leurs expressions liées à tels lieux?

Pour ces raisons, j'ai cru nécessaire de consacrer à l'étude de la végétation la deuxième partie de mes notes.

Mais j'observe que, dans cette matière, l'homme sincère et sensé qui se borne à **décrire** ce qu'il a recherché lui-même, est limité au cadre de **ses** propres herborisations.

D'autre part, si désireux que l'on soit de généraliser, par la suite toute la partie de l'étude des végétaux consacrée à l'observation ne peut être que le résultat des herborisations.

En conséquence, et quoique je forme le propos ferme de m'élever des constatations particulières aux lois les plus générales auxquelles mes facultés me laisseront atteindre, je crois agir judicieusement en appliquant à ce second cycle le titre simple d'*Herborisations*.

§ III

De l' « histoire des Papilionacées eupapilioniques indigènes »

M'étant consacré à l'étude de la végétation, en celle-ci, une forme s'imposa bien vite et séduisit mon esprit.

Ce fut de onze à douze ans que l'aspect de l'Eupapilionée me consuma en entier d'une affection nouvelle.

La plupart des plantes qui constituent cette famille produisent effectivement une unité d'impression des plus frappantes.

Dès lors que l'on s'éloigne des régions un peu froides, les Papilionacées changent de caractères et elles n'exercent plus le moindre attrait sur mon cœur pour la plupart.

Ces dernières, en effet, ont d'habitude des membres épais, raides et vulgaires; leurs feuilles pointues, grandement dentées, hirsutes, gaufrées et rugueuses sont dépourvues de charmes; leurs fleurs souvent excentriques ont généralement les attaches lourdes et n'excitent que la pitié. Enfin, elles produisent des fruits largement taillés et d'une robustesse quelquefois triviale.

A l'encontre, comment expliquer, à quel point une divine expression réside sur la forme de ces Papilionacées auxquelles notre climat frais permet de vivre?

Elles ont des tiges rondes et lisses qui s'élèvent avec flexibilité pour nous montrer leurs organes. Les feuilles sont divisées délicatement et par là sont fines et tendres; elles le sont de plus avec précision en raison du contour net des folioles et ceci leur donne un caractère de gravité. Elles sont lisses, en outre, et les folioles énerves ne présentent qu'un pli médian. J'ajoute que leur couleur est d'un vert reposant. Par tout ceci, elles sont, avant tout, douces. Si, d'aventure, les folioles ont des dents, celles-ci sont alors si fines et régulières qu'elles ne font qu'ajouter à leur délicatesse. **Les pétioles sont grêles**; les stipules sont harmonieuses; l'impression générale qui ressort de la contemplation d'une feuille de Papilionacée est celle de la perfection et du fini de sa forme.

Les fleurs de nos Légumineuses sont encore une bien autre jouissance pour les yeux. Tantôt elles se réunissent en longues grappes allanguies qui pendent avec un air fatal. Ou bien ces grappes, pointues, se dressent et montrent qu'elles ont de la volonté. Tantôt, elles se serrent en boules frileuses comme si elles avaient peur. Chez les Lotiers ou les Coronilles, elles se hissent au sommet d'un haut pédoncule afin de regarder curieusement de tous côtés. Ailleurs, elles sont solitaires ou géminées sur un pédicelle ténu, et se penchent, puis se relèvent pleines de mutinerie. Toutes ces fleurs sont toujours semblables; toutes elles ont cette forme complexe et simple, délicate, frêle et déterminée. Ce n'est pas elles qui sont flattées d'être comparées à un papillon. Leur forme pleine de douceur et d'une tendresse tempérée de la fermeté, inspire la plus grande confiance.

Le fruit n'est pas toujours aussi attirant. Cependant les petites gousses bien droites du Lotier, se tournant de tous les côtés comme pour indiquer les points de la rose des vents, semblent refléter la franchise. Les légumes des diverses Astragales, hérissé d'exquis petits poils noirs réguliers, se gonflent tantôt comiquement Les fruits des Luzernes curieusement enroulés et spinescents; ceux, si singuliers des Hippocrepis; tous contribuent à l'harmonie de la plante.

Est-ce, mais, par une telle description de détails que j'entends qualifier la beauté des Papilionacées de notre pays? Non point.

Les Papilionacées ne sont pas jolies par la valeur esthétique de leurs divers caractères simplement. Ce qui fait qu'elles séduisent l'âme, ce qui les revêt d'intelligence ou les montre empreintes de spiritualité, est la proportion délicieusement ordonnée de leurs parties

Ce qui rend séductrices les folioles petites, c'est la sveltesse du rachis qui les supporte. Rien autre que l'espace harmonieusement défini qui les sépare, ne donne les fleurs jolies; si les proportions voisines des fleurs, des folioles et des légumes n'existaient point, toute la plante aurait un charme disparate.

En vérité, les Papilionacées des froides contrées sont amies de l'esprit par le fait qu'elles symbolisent l'harmonie avant toutes choses. Leur forme est l'expression de la raison. Elles représentent pour nous toutes les qualités les plus hautes de l'esprit humain. Car elles sont manifestement l'œuvre intelligemment coordonnée par excellence.

Et c'est en cela donc que l'on peut trouver l'origine de mon goût pour les Papilionacées.

Assurément il est faux de dire qu'une espèce est belle ou laide. Tout être de la nature a un sens et est parfait. Mais certains peuvent davantage concorder avec le goût humain quand ils expriment une intellectualité plus haute. Or la sensation d'achèvement, d'harmonie parfaite, de grâce sincère et consciente que provoquent les Papilionacées en font un des objets les plus charmants pour l'âme, que la nature fasse naître ici.

Je ne trouve pas si pleins d'agrément les Genêts, les Ajoncs que les autres Papilionacées. Car elles n'ont pas les admirables folioles; mais elles me semblent un peu dignes d'affection tout de même. Et puis l'on peut trouver même doux d'aimer les deshéritées pour l'amour des parfaites. Ainsi, il semble que l'âme s'étende lorsque l'on pourrait dire : tels êtres possèdent moins de beauté que tels autres; mais qu'il est en soi assez d'ampleur pour contenir leur amour du même coup avec celui des plus charmantes.

Donc j'ai pour les Papilionacées une affection fort grande; c'est pour elles qu'un désir immense me brûle de pénétrer toujours plus avant dans une intimité avec elles, si remplie de bonheur; en un mot avant tout autre objet, c'est elles que je veux connaître.

Et ce motif de la séduction qu'elles ont pour moi, est le seul, je l'avoue, qui ait contribué à me les faire étudier d'une manière attentive.

Je ne puis définir sans difficulté le cadre des études que j'ai entreprises sur elles.

A mes yeux l'idée se formule d'un être type qui est la « Papilionacée que j'étudie ».

Son véritable caractère, je le répète, est dû aux proportions des diverses parties. Il suffit que l'on modifie par la pensée un quelconque des rapports des organes les plus insignifiants de cette plante type pour que son charme s'éloigne en même temps.

Il y a la plus grande complication à définir cet être typique par sa forme dès que l'on veut voir cette définition s'appliquer à toutes les espèces formant le tout concret d'une flore naturelle. Aussi, j'ai préféré, quoique j'en sois chagriné, ne pas les définir par les limites mêmes de cette flore.

Je nomme les Papilionacées, qui me séduisent, Papilionacées eupapilioniques. Elles habitent plutôt les pays froids, mais ceci n'est pas absolu, ni exactement définissable. C'est d'ailleurs chez les Lapons ou au sommet des montagnes qu'elles atteignent souvent la forme la plus voisine du type idéal : Orobus tuberosus, Astragalus lapponicus, Trifolium Thalii, etc.

Malgré cela, dans l'aire même où s'étend nécessairement le champ que la présence d'espèces conformes attribue à mes investigations, on rencontre déjà des Papilionacées peu agréables.

Ce n'est pas là un fait bien singulier, et je considère qu'une obligation en résulte pour moi d'étudier d'une manière certaines espèces deshéritées dans leur corrélation avec les plus sympathiques, ce qui m'amènera à un examen plus complet du problème gracieux que je poursuis.

On conçoit toutefois que je ne puis pas borner géographiquement avec netteté le cadre de mes recherches. Ce seront « nos pays » qui leur marqueront des limites. Voulant dire par là, le pays dont notre civilisation provient et qui n'ira pas sans s'étendre au delà de l'Europe. Mais je reste obligé de laisser imprécis le cadre absolu de mon travail.

Les Papilionacées furent déjà beaucoup approfondies à tous les points de vue. Si quelqu'un demandait qu'un objet de recherches lui soit proposé, ce n'est point elles qu'on devrait lui indiquer. Soit qu'elles soient moins embrouillées, soit qu'elles aient attiré plus de chercheurs que d'autres groupes, les Papilionacées sont déjà bien connues. Mais pour celui qui étudie la satisfaction de son désir de savoir, d'abord vers ce qui l'intrigue, il doit diriger ses recherches. Car qui prétendrait que l'on sait le tout de quelque chose?

Ainsi donc je me propose de persister dans la contemplation de ces plantes, dont l'expression m'a charmé. Car j'ai espoir qu'il en pourra résulter en moi un certain progrès de connaissances.

Je veux savoir pourquoi elles sont si jolies. Quelles causes leur ont donné ces folioles avec ces fleurs. Pourquoi l'une d'elles a les gousses gonflées et l'autre enroulées. Je veux connaître les affinités qui les lient et les lois qui les régissent; oui, je connaîtrai les causes de leurs formes et les raisons de tout ce qui les touche.

Lorsque je les regarde, ce n'est pas seulement avec l'œil de l'affection. Tout ce qui leur est lié me frappe. L'admiration que je tiens pour leur caractère est un étonnement avant tout. Pourquoi? pourquoi? Toujours des questions se posent à ma réflexion dès que j'applique ma vue sur elles.

4

Il me faudra commencer par résumer ce que l'on en sait en généralités. Puis que s'établisse un rangement premier et général qui s'en déduira.

Alors, en suivant ce plan, je pourrai passer en revue toutes les formes qui y rentrent. Tout ce que je ferai comme description sera, bien entendu, original. Pour chaque espèce, j'examinerai son extérieur, l'impression qu'elle produit, et la condensation de ses caractères distinctifs.

Je chercherai ensuite d'une manière plus intime la nature de sa constitution morphologique. Puis, au contraire, la manière dont sa vie se passe et les rapports qui la lient à d'autres êtres au cours de son existence.

De là, je pourrai commencer à réfléchir sur l'ensemble de mes constatations. Je chercherai à condenser mes vues et à tracer les détails qui séparent ou lient les Papilionacées indigènes et m'élever à les classer d'une manière un peu solide.

Enfin, si je le puis, je conclurai par des réflexions d'ensemble sur la valeur à tout point de vue de ce groupe dans l'univers.

J'ai cherché divers titres à appliquer à cette partie très particulière de mes études. J'ai dû me borner à lui choisir, quoi qu'il ne soit pas complètement adéquat, celui d' « *Histoire des palionacées eupapilioniques indigènes.* »

§ IV

Des « Eléments sur les scarabées »

Ce que je ressens pour les Papilionacées est semblable à ce que l'on peut éprouver de plus élevé envers des âmes. C'est une affection formée de respect et d'admiration, une aspiration à leur causer du plaisir et l'impression qu'elles cherchent à m'en faire. C'est l'accord complet ou de don spirituel réciproque qui nous unit.

Je ne ressens pas la même impression pour les Lamellicornes. Ce n'est plus cet amour qui est pur et haut et limpide à un point suprême.

C'est de l'amitié, une simple et confiante estime, mais qui est une affection très grande.

Leur corps n'a rien qui enchante nos yeux de grâce. Il se dégage d'eux une impression de bonté qui inspire une douce confiance.

Leur odeur noirâtre m'enivre.

Je me sens un peu petit enfant auprès d'eux. Ils sont les frères des nains dont j'ai parlé ci-dessous comme les Papilionacées sont sœurs des fées. Celles-ci m'inspirent un sentiment qui ne va pas sans quelque timidité de ma part. Mais eux, au contraire, laissent dans l'expression de notre affection un abandon plein de douceur. De plus, bien qu'ils paraissent me témoigner de l'affection, ils ont dans l'allure cet aspect lointain de l'être affairé pour de hauts objets... Ceci m'a donné parfois quelque teinte d'admiration envers eux.

Certains des Scarabées, dont certains témoignent d'une personnalité très supérieure, manifestent en même temps la plus affable des simplicités. Les *Coprides* et ceux de ce groupe sont de ce nombre.

D'autres ont l'apparence vraiment royale. Ils semblent pleins d'une dignité intérieure, d'une majesté naturelle et désintéressée dont rien ne peut donner idée. Leur apparence massive et lourde ne paraît jamais comique, mais divine. Ce sont, par exemple : les grands *Dynastes*.

Les Cétoines, au contraire, sont moins intéressantes. Elles ne provoquent en moi aucun respect. Mais toutes ont une expression sincère et dévouée, qui attire la sympathie. En outre, tout le monde sait avec quelle profusion ravissante leur corps est paré des vêtures les plus somptueuses. Et leur beauté émerveillante ne peut toujours que charmer.

Certes, je ne vois point dans eux tous rien que je puisse comparer aux petites amies Papilionacées, d'une délicatesse éthérée et incomparablement pure. Mais ce sont des êtres forts et grandioses devant qui je m'incline avec admiration.

La forme de leur corps est parfaite. Jamais on ne leur voit de ces irrégularités tégumentaires repoussantes. Jamais leur corps ne possède de ces segments successifs taeniæformes qui paraissent superflus et laids.

Une condensation parfaite de tous les organes admirablement adaptés et coadaptés les caractérisent. Leur forme est toujours définie et précisée; elle ne produit jamais de ces appendices mal venus qui laissent un vague dans leur apparence corporelle.

Ils sont grands et marquent leur puissance au-dessus de tout l'ensemble des petits.

L'unité parfaite réunit leurs représentants et ils ne s'écartent pas du type fondamental.

Avec cela, ils sont variés à l'infini : plats ou sphériques, longs ou courtauds, élancés ou trappus, simples ou parés d'armures, endeuillés ou rutilants.

Toujours, il demeure des merveilles à découvrir chez eux.

Et toujours ils restent les scarabées.

Je nomme effectivement « Scarabées » les Lamellicornes pour ce motif que, d'après moi, ils ne forment tous qu'un seul genre : le genre Scarabée (*Scarabaeus*).

Cette opinion qu'il me faut élever contre celle de tous les entomologistes d'aujourd'hui, semblera fort téméraire de la part d'un chercheur aussi inexpérimenté que je le suis.

Je ne puis ici plaider cette cause en détail; j'exposerai, cependant succinctement les bases de ce qui milite en sa faveur un peu plus loin (1).

Ce qu'il m'est possible d'affirmer, cependant, est que la conviction solide que j'ai de ce fait ne résulte pas d'une manière superficielle de comprendre les choses.

Je l'ai acquise après une longue attention portée sur le problème; et alors que je me refusais d'abord à l'accepter.

Et si la vérité n'en apparait point à l'œil armé d'une loupe, elle s'est imposée à moi avec force, par une épreuve intime effectuée en contemplant l'équilibre de toute la Nature.

Le tout des Scarabées est ainsi d'une homogénéité étonnante. Et leur nombre de variétés est immense. Et ce bloc d'une étendue si majestueuse est, par là déjà, infiniment attachant.

Il me semble impossible qu'on n'éprouve point le besoin de les décrire.

Je veux donc chercher leur nature et les classer d'une manière aussi bonne que possible. Je considérerai leur ensemble en revisant la valeur des coupes que l'on a établi en eux.

J'établirai des tableaux qui distinguent leurs caractères et des tracés de leur union.

Je m'efforcerai enfin de mon mieux à découvrir les causes de leurs variations; et celle de leur unité; et tout ce qui pourra aider à leur connaissance plus complète et réelle.

Ce programme est, somme toute, identique à celui que j'ai établi pour l'histoire des Papilionacées.

(1) Cf. ch. VII, sect. V.

La méthode en sera cependant quelque peu différente. Car l'objet même de l'étude y oblige.

Les formes des Scarabées sont beaucoup plus voisines que celles des plantes. De plus, elles sont incomparablement plus nombreuses que celles des Papilionacées indigènes. Enfin, elles sont beaucoup moins connues et impossibles à être toutes étudiées par un homme.

Fait dans un même esprit, cet ouvrage sera donc, proportionnellement, moins complet que le précédent.

Et c'est en cela même que résidera leur différence véritable. L'un étant étude intime d'un groupe restreint. Le second coup d'œil général, mais succinct.

Et c'est ce même motif qui m'a fait adopter pour celui-ci le titre d' « *Eléments sur les Scarabées* ».

§ V

De l' « Esquisse d'un stade de la classification des êtres physiques »

La place que je fais au sentiment pour délimiter l'objet de ces études paraîtra, je le sens, trop vaste. Et malgré que j'ai essayé de faire voir comme il appartenait à ses tendances mêmes de guider l'esprit dans sa voie naturelle et logique, cette manière ne sera pas approuvée sans doute par tous les chercheurs.

D'ailleurs il me convient aussi de parler désormais sur un mode différent.

L'esprit, en effet, ne peut utiliser son action d'une façon unique et perpétuelle à la recherche de connaissances très spéciales. Il lui faut une envolée autre qui lui permette de dominer son sujet. Et il faut qu'il puisse attribuer la valeur réelle de son objet en le contemplant parmi les autres objets possibles.

C'est sous l'influence de ce besoin que j'ai entrepris l'étude générale de la nature.

Je dois m'exercer à reconnaître aux Papilionacées et aux Scarabées une situation dans l'univers. Et il convient que j'approfondisse l'ensemble de tout ce qui vit.

Cette partie de mon travail ne comprendra que faible part consacrée à l'observation personnelle. Je m'appuierai sur l'existence des formes que tous les naturalistes connaissent, pour effectuer sur elles des réflexions relatives à leur organisation et à l'emplacement qu'il me paraît le meilleur à leur assigner dans une classification raisonnée de la nature.

La méthode de ce travail nécessitant l'étude de points particuliers que je vais examiner tout à l'heure, je ne m'étendrai pas ici davantage à parler du plan sur lequel je compte construire une très humble « *Esquisse d'un stade de la classification des êtres physiques* ».

§ VI

Du « domaine transmatériel »

Lorsque ce coup d'œil sera donné sur l'ensemble de ce qui apparaît en ce monde. Alors mon âme pensera à pénétrer aussi le reste de l'univers. Et à éclairer les faits d'une manière nouvelle. Et étudier le rapport, et l'équilibre, et les causes de tout.

S'il me reste encore à vivre quelque temps. Si mon âme s'élève à ce dernier coup d'œil objectif, je m'efforcerai de connaître les problèmes généraux qui doivent être notre objet.

Je voudrais les résoudre quelque peu, même.

Le « *domaine transmatériel* », où j'aurais à pénétrer, étendra son regard à tous les objets que ma vie m'aura laissé entrevoir. Je m'étendrai sur la nature de ce qui est immatériel.

Il devient en effet nécessaire à l'esprit de passer aussitôt aux problèmes proposés par le fait des manifestations de l'esprit dans le monde matériel.

Celles-ci ont lieu d'une manière objective au sein de la société humaine. Bien des faits sont relevés parmi les actes et les manières d'être des personnes contemporaines.

Enfin, les plus remarquables, seuls qui puissent être étudiés soigneusement, sont absolument subjectifs. Ils sont de deux catégories. Les uns sont provoqués par des éléments extérieurs, les autres ont pour antécédents les seuls existants appartenant au corps personnel.

Les premiers appartiennent parfois au moral. On peut alors les rattacher à ceux de la seconde catégorie. Ce sont des études de psychologie.

De leur étude doit résulter un savoir relatif aux problèmes suivants. Les impressions que l'on ressent sont-elles en rapport avec une nature spirituelle objective intime de la forme qui les provoque? Et ces propriétés spirituelles auraient-elles une relation avec les qualités physiques du corps qui les renferme. S'il n'en est rien, quelles sont donc leur valeur réelle?

Comme ailleurs et selon les principes que je vais définir en ces matières, toujours, je débuterai par des études d'observation.

Ainsi, et de même que dans les précédents cycles, j'emploierai dans le domaine transmatériel cette méthode qui mène du plus particulier au plus général.

Je parlerai alors sur l'âme, à l'occasion de quoi je dirai les vues que j'ai pu me faire sur les rapports qu'elle peut posséder avec la matière; puis je m'élèverai à chercher quel est le véritable Dieu et quels rapports nous pouvons ou devons avoir avec lui.

Mais je vois que les indications présentées ici sont trop générales.

Et je voudrais exposer plus substantiellement les faits dont j'entreprends l'étude pour finir. Et celle de leurs relations.

C'est que je dois laisser dans le vague un cadre qui renfermera mille études; et je ne saurais pas ici entrer dans les détails de son plan.

Et, au contraire, je m'étendrai seulement dans la suite de ce livre sur les parties de mon ouvrage qui seront dues à l'examen des matières physiques du monde. Car il n'y a pas beaucoup de discussions préliminaires que je tienne à exposer maintenant au sujet du « domaine transmatériel ».

§ VII

De la « Conclusion »

Comme il me faudra souvent faire connaître diverses manières de voir avant que je ne meure, je publierai séparément diverses petites notes dans les revues que cela pourra intéresser.

Ces notes pourront appartenir à n'importe quel cycle de mes recherches.

Une indication marquera la place à venir de ces « *pierres d'attente* » dans ceux-ci.

J'ai de la sorte mon ouvrage divisé d'une manière qui est véritablement juste. Quoi qu'il arrive et que je puisse découvrir, toute matière trouvera sa place logique selon son individualité humaine. Si l'occasion me fait qui convient

C'est alors que dans une septième et dernière partie : « *Conclusion* » que, si je le peux, mes regards reviendront en arrière et de haut me laisseront contempler la totalité des choses. En cherchant à ce que je représente leur place dans l'équilibre universel et leur valeur absolue.

Pour finir ainsi avant de fermer les yeux — pour jamais — à ces spectacles de la terre, je prendrai le ton du poète.

(Je serai alors, je l'espère, recueilli loin de vous, mes frères, car je demeurerai parmi les hommes pour que, parmi eux, j'essaye de déposer des choses bonnes, ainsi comme ils en ont déposé en moi.)

Mais en ce temps je fuirai le mouvement de vos efforts fugaces.

Et je prendrai le ton du poète, car, au Seigneur, c'est à lui que je parlerai. Je prendrai le ton du poète et je lui dirai qu'il est digne d'amour.

Je ferai revivre des êtres imaginaires et grands. Je ferai un chant pour sa maison. Ma dernière parole sera pour vous redire cette si grande sienne bonté. Je serai fier et humble. Je serai tranquille et doux. Et je chanterai. s'il m'est permis, jusqu'à l'instant de mourir.

Un problème, plus subtil et plus humain que les autres, devra alors attacher mon soin. Car c'est celui dont je suis l'objet.

J'entreprendrai de me définir et de me comprendre moi-même avec l'intégrité que ma subjectivité constitue avec mon œuvre.

Je ne vous dirai point, Messieurs, mon autobiographie étalée et les actes extérieurs de ma vie. Mais je vous parlerai de ce qui peut vous intéresser de moi, car c'est aussi ce qui sera en vous.

J'extrairai de mon travail une idée générale et quintesenciée qui era comme l'objective traduction définitive de mon individualité avec toute la sincérité que je pourrai.

Je réunirai ces choses dans un discours tenu et logiquement lié. Où je me mélangerai, je m'en excuse, avec les êtres imaginaires qui doivent s'élever au rang de types absolus, pour acquérir une vie intégrale.

Et alors cela me permettra de prononcer sur ce que j'ai fait. Car mon œuvre sera formée alors de son être objectif visible à vos yeux, mais aussi de sa réalité vivante à laquelle je suis nécessaire.

Je pourrai donc ainsi lui fournir sa « Conclusion ».

Chapitre III

Des raisons du labeur

Soyez donc sans inquiétude et ne dites point : que mangerons-nous ? que boirons-nous ? de quoi nous vêtirons-nous ? Ce sont là des choses qui occupent les païens; mais pour vous votre Père connaît tous vos besoins; cherchez donc avant tout le royaume de Dieu et sa justice et le reste vous sera donné par surcroît.

L'Evangile.

Il faut même vous accoutumer à passer de l'oraison à tous les devoirs de votre profession, bien qu'ils paraissent fort éloignés des sentiments que vous avez puisés dans votre méditation.

Saint-François de Salles : *Introd. à la vie dévote.*

Etudier la nature, tel doit être le grand intérêt intellectuel de notre vie. Sans cette étude nous vivons dans un monde inconnu sans savoir où nous sommes ni qui nous sommes. Dans la contemplation du beau dans la nature, qui n'est que la splendeur du vrai, nous sentons le Bien s'affirmer et s'éclairer dans nos âmes. Nous sommes dans la voie de notre destinée spirituelle. Notre intelligence voit Dieu.

Camille Flamarion : *Dieu dans la nature*

Pourquoi de nos jours tant de croyants qui portent sur le front la marque sacrée du baptême, vivent-ils indifférents à ce dogme d'amour et de fraternité qui correspond si bien aux idées généreuses de nos sociétés modernes...

C'est qu'ils ignoraient... que Dieu repousse l'hommage d'une croyance irraisonnée.

Aristote arrive à cette conclusion :

« Que l'action la plus noble de l'esprit humain est la contemplation des mystères de la nature, des cieux... »

Et il en conclut que l'homme qui s'occupe de ces hautes études est à la fois plus parfait...

En effet, rien ne peut-il égaler le saint orgueil qui brûle et vivifie le cœur de l'homme privilégié conduit par le besoin d'être utile dans la voie de foi ardente et progressive destinée à affranchir un jour l'humanité toute entière de ses erreurs et de ses misères passées.

Paul Auguez : *Les Elus de l'avenir.*

§ I

¶ L'homme est tout abandonné à sa douleur de vivre. L'étude est le moyen qui lui demeure; pour qu'il se résocie à l'harmonie, en esprit.

Je prie le lecteur d'excuser le chapitre qui précède où il est question de moi seul. Le produit en quelque sorte d'une auto-contemplation.

J'ai cru indispensable de le placer ici pour justifier du cadre de mon œuvre.

Heureusement les paroles qui viennent et celles qui vont définir sa méthode, auront du moins le mérite d'une portée générale; et leur objet n'est le mien que parce qu'il se trouve celui de tout travailleur.

¶ L'homme a été blessé par la douleur de vivre. Le travail est ce par quoi il vivra, avec harmonie, dans l'esprit.

Cela ne ressort point assez, peut-être, de ce que j'ai écrit. Et cependant c'est, Messieurs, de cette vérité que je vous veux convaincre.

¶ Je ne me sens pas fort pour exposer ces choses. Je sens la piètreté de l'exposition que j'ai faite jusqu'ici. Parce qu'elle a été écrite par moi.

¶ Or, il faut que nous cherchions si bien il est vrai que l'étude est l'objet suréminent auquel l'homme de nature grave se doit consacrer.

Et je tâcherai de le confirmer seulement en soumettant quelques pensées à vous.

¶ Afin que s'il y en a auxquelles vous n'aviez pas eu encore l'occasion de songer, vous puissiez vous assurer si elles sont fondées. Ou si mes affirmations sont pleines d'erreurs.

¶ On pensera logiquement qu'il est bien étrange que je prenne l'allure d'un maître et cherche à enseigner. Effectivement, on aurait raison de croire que je n'ai aucun droit de placer ma pensée en avant.

Je suis certain cependant que le caractère général des notions que j'ai reçues relativement à l'usage que l'homme sérieux doit faire de la vie, de la vérité même absolue, universelle. C'est pourquoi je veux le faire connaître.

¶ Cela ne veut pas dire que je considère avec peu d'estime les hommes qui n'ont pas suivi les préceptes que je propose.

Mon adolescence s'est épanouie au sein de facilités matérielles et d'un ensemble fructueux de solitude intellectuelle et de douleurs physiques. Eux ont probablement toujours eu à dépenser une vitalité forte dans les agitations d'une vie sociale à laquelle ils ne pouvaient être soustraits. Je me sens donc plein de confusion pour le peu que la Nature a pu me faire acquérir de savoir réel sur la vie, en plus qu'eux. Et alors que je suis certainement fortement moins pourvu de mérites au regard de l'Absolu.

¶ Aussi je prie que l'on comprenne que c'est avec le sentiment de profonde humilité et idée d'affection déférente que je parle. Et je crois que cela m'est devoir. Malgré le peu de profondeur de mes dires. Et je vous prie, Messieurs, de considérer avec votre grande indulgence mes pensées revêtues qu'elles sont, non pas d'un seul mérite, sinon de la sincérité.

§ II

¶ L'homme est seul.

¶ Si l'on met attention aux choses qui sont de la société des hommes. Alors on sera déçu en toute affaire.

¶ La chose humaine n'existe pas.

¶ Quiconque s'attache aux objets de matière ne les peut tenir. L'amour que l'on porte à des hommes ne connaît pas effectuation.

¶ Celui qui cherche et qui aime est reçu avec la moquerie et l'inattention.

¶ Il faut donc que celui-là quitte la cure des choses particulières.

¶ Il doit abandonner les individus qui ne sont pas lui. Et chercher lui soi-même.

¶ Car lui, il peut s'atteindre. Et s'obtenir.

¶ Il faut qu'il laisse toutes choses et toutes gens. Et qu'il parte avec son corps seul.

¶ Mais il pompera en lui toutes les qualités qui sont de l'esprit.

Il possédera, dans la puissance, la beauté universelle, dans son intérieur. Et il y aura comme un chant qui guidera le reste de sa vie.

¶ Car il ne fera qu'attendre la mort.

¶ La vie l'a tué.

§ III

¶ Lorsque la mort viendra, il sera aise. Il sentira que son heure de jouissance vient. Il passera avec douceur de la vie à la mort.

¶ Mais un des ordres que donne l'esprit est aimer. Et s'apitoyer.

¶ Ainsi, après qu'il aura abandonné l'amour pour des êtres, chacun. Il est nécessaire qu'il adopte l'amour pour l'ensemble des êtres.

¶ Ses souffrances de la terre l'avertissent de ce qu'il est un bon Dieu. Et une existence postmortelle. Pour lui. Par quoi il sera compensé au moins de ces souffrances-là.

¶ Sachant cela, il doit faire connaître ces choses à ceux qui ne les connaissent point. Parce qu'il y a en lui de savoir, il sent que ce savoir doit être répandu.

¶ Car si Dieu s'est révélé à lui. Et s'il lui a donné un amour qui souffre, mais qui est. Et si, ayant cela, il ne le fait point agir; révélant à autrui sa connaissance à cause de son amour. Alors il ne pourra pas dire à Dieu qu'il a agi conformément aux vues de l'esprit. Et demander le bonheur éternel auquel il lui est dit qu'il a droit par l'esprit.

¶ Et il vaut mieux qu'il souffre plus fort alors. Afin qu'il ait bonheur plus fort dans le temps d'après.

§ IV

¶ Mais ce que le juste fera pour agir selon la charité ne sera point contraire aux désirs de son cœur.

C'est ce qui lui est indiqué intimement qui est la voie où la loi le pousse. C'est-à-dire à Dieu.

¶ Il devra faire effort.

Il suivra les conseils de l'esprit et point ceux de la chair.

Mais les conseils qu'il suivra sont ceux qui sont donnés à lui-même.

¶ L'homme est seul.

¶ Le péché et dû à ce que l'on est ancré dans le charnel et aussi le chagrin. Il faut tuer en soi le vieil homme. C'est-à-dire qu'il faut détruire tout l'animal dans nous.

¶ Car ce n'est pas par exercice positif seulement que se peut acquérir la vertu. C'est là moyen piteux.

Mais c'est bien en détruisant ce qui lui est opposé, c'est-à-dire la source de *diversité :* le complexe humain.

¶ Il faut se tuer à soi-même et vivre comme si l'on était mort.

Car c'est alors que l'on ne possède plus sa propre bouche, mais celle de l'absolu qui s'en sert pour se manifester.

Car là où le multiple est disparu, le un peut agir.

¶ Pour se détruire à soi-même, ce qu'il faut, n'est point de réfréner avec vigueur tous les instincts qui sont dans le cœur. Mais c'est en fixant devant ses regards l'objectivité abstraite du général et en *oubliant* que l'on a des désirs.

Alors on *ne remarque plus* si l'on est heureux ou point. Car l'on n'existe plus.

On se sent simplement le médium provisoire d'une parcelle de certitude divine qui se manifeste au total de ce que la Divinité a créé.

Et l'on n'éprouve non pas être dans la droite voie, n'étant plus personnellement, mais que l'on est la droite voie, quoique bien frêle.

Or l'homme ne peut connaître l'homme. Et l'homme ne peut diriger l'homme.

¶ Et ce que sent l'homme en lui est sombre et contradictoire. Et sa vie est une bataille.

¶ Il faut que l'homme s'attache à trouver en lui la voie où il est poussé. Mais il ne faut pas qu'il la cherche.

Il faut qu'il la trouve.

¶ Et il la trouve.

¶ Dieu conduit celui qui n'est pas menteur dans son cœur.

¶ Et après que la voie est trouvée, il faut la suivre. Même si l'on ne sait pas si elle est bonne. Parce que l'on est sincère et justement par ce que l'on ne sait pas. Car Dieu, lui, sait.

¶ Et il faut à l'activité de l'âme un aliment.

¶ Et il faut un aliment à l'activité du corps.

¶ Or il faut tuer le corps. Et puis il faut tuer l'âme. Afin que l'esprit seul subsiste.

Et alors l'on donnera à l'âme une pâture que l'esprit aura censurée. Et
le corps recevra la pâture qui dérivera de l'action de l'âme.

¶ Et je dis que ces aliments sont le labeur.

¶ Ce labeur sera un labeur purifié et enseigné par l'esprit.

Ce sera un labeur par lequel l'homme acquerra science. D'où il grandira.
Et il se rapprochera de Dieu par lui.

¶ Ce sera un labeur par lequel l'homme fera connaître de la science.
D'où ils grandiront. Et ils se rapprocheront de Dieu par lui. Et par la
charité.

§ V

¶ A côté de l'harmonie (objective) de toute substance créée, dans
l'homme, il est une intime mésentente entre la matière et l'esprit qui le
constituent.

¶ Ainsi donc tant qu'il habite en ce monde, il est vain à l'homme de
chercher des joies.

¶ Il lui est loisible d'accepter les satisfactions qui se présenteront à lui.
(Car elles sont une légère détente à ses chagrins. Cela est effet naturel de
la Providence établie.)

¶ Mais il faut en cela être fataliste. L'homme se doit borner à prendre
le plaisir qu'il lui arrive. Qu'il ne cherche point à en provoquer la venue.

¶ Cela lui ferait perdre de sa dignité.

¶ Et un déterminisme fatal augmenterait la somme de ses douleurs. Du
nombre des joies qu'il aurait volées au sens universel.

¶ Les plaisirs que l'on peut récolter ici-bas apparaissent bien futiles.
Résumées, les seules satisfactions humaines qui portent en elles-mêmes
un élément totalement satisfaisant gisent dans la contemplation et la
création.

¶ Contemplation et Création portent sur quelque objet que ce soit,
mais juste et vertueux.

¶ Or, toutes les contemplations et créations effectibles sur la terre,
par l'homme, sont entraînées par l'humaine nature. Elles ne produisent leur
effet agréable seulement en de courts moments.

¶ Une seconde de béatitudes ne balance pas un mois de tortures.

5

¶ De quelque côté que je me tourne et de quelque côté que j'envisage l'existence des hommes. Je ne puis la trouver heureuse. Et plus je m'avance, moins je puis concevoir où il se peut trouver, dans son cours, des sujets de réjouissance.

¶ Les heures de la vie où l'on souffre ont été nombreuses. Il faut attendre le Seigneur avec patience, mais sans colère. Car le Seigneur est infini. Et l'homme est poussière.

¶ L'homme le plus perfectionné serait celui qui saurait se rendre insensible aux joies et aux chagrins.

¶ Sa sagesse continuerait à dispenser aux autres âmes les bienfaits d'une charité raisonnée.

¶ Mais sa mine grave restait tournée vers la fin de la vie. Il attendrait la mort sans impatience. Et avec l'impassibilité des dieux. Et la conscience de sa nullité.

§ VI

C'est impossibilité à la vie de donner le bonheur. La supériorité est grandissante de l'idéal que l'homme recherche. Je crois qu'il lui faut pratiquer la conduite que celui-ci lui dicte.

¶ Sans qu'il se préoccupe davantage de celle-là.

¶ Il m'apparaît que est temps perdu toute chose inutile à l'élévation.

¶ Peu importe le mal que l'on fait à sa vie. Si l'on fait du bien à l'Eternité.

¶ Il faut s'évertuer à profiter de la presse douloureuse de l'existence. Pour faire couler dans le monde tout le bien qu'il est possible de tirer de soi.

¶ La vérité est en nous.

¶ La croyance exquise qui provient de la vue attentive de la création transporte.

¶ Elle fait connaître que le réel reçoit dans la vie humaine sa vie la plus grande de l'abnégation et du désintéressement.

¶ Elle la montre dans une fin qui est la mort et toute la spiritualité.

¶ Quelle douce minute il y aura en quittant cette enveloppe si assujettissante.

¶ Comme il est de la tristesse dans toute vie.

¶ Comme il est de béatitude dans l'instant de contact avec l'infini.

¶ Et la vérité elle est tangible pour nous. Nous la découvrons dans la contemplation de l'univers. Et nous la créons de nos propres mains.

¶ Et pourtant, peut être impiété le souhait de mourir vite. Se sauver de suite comme un malfaiteur dans l'autre monde.

¶ Est méprisable celui qui, possesseur de la saine doctrine, pèche par égoïsme.

¶ Mes frères, grand serrement de cœur éprouvons-nous en songeant à la détresse de l'humanité.

¶ Nous, dont l'esprit a su à tel point se délier des erreurs ordinaires.

Vous, pour qui l'essence des choses présentent sa valeur absolue.

Vous qui devez recevoir toutes les joies possibles, plus que quiconque, véritables.

Chaque minute de la vie est une suppliciante attente.

¶ Et rien n'est à comparer à l'aspiration à la désincarnation que nous procure cette épreuve fréquente de l'excellemment véritable.

¶ Et nous songerons aux autres hommes. Nous voudrions qu'ils soient nos frères. Et ils sont éloignés de nous.

Tandis que nous jouissons avec mélancolie de satisfactions immenses, ils ne soupçonnent joyeusement point que leur malheur est inexprimable.

¶ Eux-mêmes ne savent point qu'une sorte de bonheur est inconnu. Et le véritable sujet de leur douleur ne leur apparaît pas.

¶ Cela est bien, le fait le plus terrible. Et il faut qu'ils soient plaints, autant pour leurs chagrins comme leur ignorance.

¶ Mes frères, il est impossible que nous sentions demeurer des hommes dans cet état misérable. Le cœur se révolte parce que nos frères sont connus inférieurs à vous-même. Et vous pleurez. Ou rougissez. De ce qu'ils font de fâcheux.

Rien de ce qui est humain n'est étranger à vous.

Plutôt serait bon souffrir encore. Mais leur faire connaître votre savoir.

¶ Parce que, il faut dire, vous êtes faibles autant comme chacun de tous les hommes. Et la pitoyable sagesse de chacun est reçue de Dieu.

¶ Il faut que l'âme prenne en pitié les autres âmes. Qui sont moins heureuses. Et végètent à des niveaux inférieurs. Et elle s'efforcera, par un élan d'amour, à les attirer jusqu'en elle.

¶ Mais il y a ainsi des sentiments ténus et beaux. Chacun les sent dans son cœur et en suit les conseils sans le dire. Les formuler les amoindrit. La conscience ne s'exprime pas.

§ VII

A côté de ces devoirs, possède aussi l'âme des droits.

Elle a une aspiration vers son principe.

Elle désire la contemplation du beau.

Elle désire la compréhension du vrai.

¶ Tout cela est ce qu'elle trouve en s'adonnant à l'étude de la nature.

Elle ne le trouve, il est vrai, que d'une manière très imparfaite.

¶ Toutefois, en rien autre elle n'y arrive même aussi bien.

¶ Car il est juste à l'âme de chercher ces satisfactions.

Et qu'elle trouve des joies de cette sorte est encore glorification de son Créateur.

¶ Et n'est-ce à elle seulement droit : mais devoir. Dès lors qu'un besoin affectueux la pousse vers la contemplation de la nature, il est bien qu'elle s'abandonne et suive cette indication.

La Création contient réellement une substantielle vérité et une essence qu'elle peut épouser.

Des recherches nobles élèvent.

Une contemplation raisonnable et consciente régénère constamment.

¶ Où trouverait-elle mieux les éléments bienfaisants, grâce auxquels, suivant une pente ininterrompue, elle s'achemine vers une vertu toujours plus haute?

¶ C'est en considération de toutes ces choses qu'a été conduit à être créé l'ordre du trèfle. (*Laboris humana in Deo communio.*)

§ VIII

¶ J'ai fait (plus haut) une séparation entre la création puissantielle de la pensée et la création effective qui est son actualisation.

¶ N'est pas douteux que soit cette production vraie supérieure à sa simple conception. Car elle èst toute elle. Et, en plus, elle est personne séparée. Une image de l'être qui est un autre être égal et soumis; et qui sort de lui, est-ce l

¶ D'autre part, sachant qu'un moment de l'esprit est la vie humaine. Il semble meilleur de la vivre avec le corps, que d'essayer d'abstraire de soi celui-ci.

¶ Cependant, je considère comme est au juste toute l'association des hommes. Et cela suffit à me montrer bonnement qu'ainsi ne faut-il pas encore penser.

Alors, tout est encore désordre, laideur et méchanceté. Et, dans quelques siècles (peut-être seulement) ou dans un temps inconceptible viendra un règne d'harmonie, de développement normal des forces humaines, de bonté.

¶ Cette fois, il sera temps, pour ceux qui seront du monde, de reprendre la vie des temps premiers avec une amplitude de grandeur nouvelle. Mais, encore, ce n'est point l'heure. Et chercher à faire venir au plus vite les temps futurs, c'est là ce qu'il faut seulement chercher. Or, c'est la propagation spéculative qui y parviendra.

¶ Je prévois un temps où les hommes auront compris toutes les vérités de l'harmonie.

Dans ce temps là aussi sera la science fort développée. L'on sera à un stade d'arrêt et de stabilité. Et aucune découverte pratique ne sera tentée.

¶ Alors régnera l'eutrophie. La beauté des choses matérielles, l'actualisation harmonieuse de toutes les énergies, la spéculation pure, la prière seront cultivées conjointement, et dans un rapport défini et rationnellement consenti.

¶ Ce ne sera pas encore l'heure du bonheur.

Mais ce sera le moment de la perfection morale.

¶ Aujourd'hui avons-nous le malheur de vivre dans l'informe et le naissant?

Nous ne devons point prétendre agir comme si le règne de logique et de bien était venu. Cloués dans le sentiment de la misère, le devoir est de travailler aux moments à venir.

¶ Cependant, s'il en est qui se sentent le besoin de réaliser des actes. Pour lesquels le chagrin de les voir fugaces et imparfaits ne les empêche pas de chercher à les réaliser avec perfection. Que ceux-là donc se consacrent avec dévotion à enfanter des hommes et à les former à l'image de leur pensée. Pour que les générations à venir réalisent le bien qui se prépare pour elles.

§ IX

Le corps doit être soumis à l'âme; et l'âme à l'esprit. Cela avant tout.

¶ Mais je l'ai dit, il faut aussi que l'âme et le corps aient dans leurs sphères un objet d'action.

¶ Tout occupations et cures dans le monde de l'individuel; et du physique. Cela est sujet de douleurs atroces et constantes pour celui qui a compris.

¶ Et cela est aimer Dieu que tuer le corps.

¶ Mais cela est aimer Dieu non pas moins, accepter la torture humble qu'il nous a donnée par lui.

¶ Il est bon de travailler avec l'âme et le corps conformément à ce que veut l'esprit.

¶ L'homme est seul.

Les hommes entre eux ne s'entendent point.

¶ Ils ne s'entendent point parce qu'ils ignorent.

¶ Ils ne peuvent s'inspirer les uns les autres à cause de ce qu'ils sont seuls. Dans leur âme.

¶ Or, ils peuvent se parler, s'ils font usage des signes que fait le corps.

¶ Lorsqu'ils se parlent avec cet intermédiaire, ils ne se comprennent pas bien.

Mais ils se comprennent.

¶ Et l'ignorance diminue. Et la vérité se propage.

¶ Il est bon de se donner un labeur. Par l'âme. Par le corps. En suivant l'esprit.

§ X

Et c'est, oui, de suivre l'esprit qu'il importe d'abord.

¶ Si l'on ne peut faire agir le corps sans s'écarter de la voie de pureté dictée par l'esprit alors il faut abandonner l'action du corps et non la voie de l'esprit.

¶ La manière la plus ordinaire qu'ont les hommes de concevoir le travail auquel ils se livrent est de le tenir pour le moyen nécessaire de parvenir en ce monde à un but tangible. Tel commerçant, des agriculteurs, un industriel, certains magistrats et quelques professeurs, tous agissent dans l'intention de conquérir la fortune la plus grande, et, si possible, une grande renommée. Des artistes cherchent la gloire en se laissant aller à la douceur de produire suivant leur fantaisie. Il y a savant pour pâlir rageusement devant le succès de ses collègues, car il eût voulu que toutes les découvertes soient le fruit de la supériorité qu'il cherche pour lui.

¶ Ces hommes, je le crains, n'ont pas compris leur vie.

Ils oublient de remarquer qu'ils ne sont rien par eux-mêmes et que leur être est ce que la nature l'a fait.

Ils vont à l'encontre de la raison ou vérité, c'est-à-dire du bien.

¶ Il en est d'autres (Dieu leur soit propice) qui envisagent les choses d'une façon autre.

Ils savent que ce monde n'a pas de valeur.

Ils savent qu'ils sont impuissants devant les choses du grand tout.

Ils travaillent parce que cela est loi. Avec respect et soumission.

¶ Selon les circonstances qui les entourent et les possibilités intérieures qu'ils se sentent, ce sont des laboureurs ou des académiciens avec des chefs d'armée, des professeurs et des domestiques. Cela n'importe. Dans la même bonne volonté de se conformer à la volonté de l'esprit qui les a fait et les dirige, ils communient dans un travail exécuté en son nom et pour lui seul.

Toutes les professions sociales s'effectuent dans l'idée de charitable solidarité.

L'artiste propose à ses frères des modèles inspirés d'idéal; ou de moralité. Le savant contribue humblement à l'élévation de ses semblables en ignorant perpétuellement la valeur de l'apport de sa personnalité.

¶ Ces êtres ont saisi la signification du monde. Ils sont unis dans un esprit un qui est celui de la création. Ils vont *dans le* « *sens* » et leur vie est sainte car elle est bonne, c'est-à-dire vraie.

§ XI

Tout travail effectué avec cette intention est une incantation agréable à Dieu. Elle est au-dessus de la prière pure.

¶ Car elle est prière.

¶ Et, au lieu d'être une assertion intérieure d'amour pour Dieu, elle est extériorisation et mise en acte de la soumission à lui.

¶ Les circonsances, les nécessités de la vie et la vocation propre montrent à chacun comment le labeur doit être effectué.

Il n'y a pas de différence morale entre chaque espèce de travail.

Il y a cependant des différences absolues suivant la portée de chacune.

A cet égard il est certain que les plus nobles sont les plus immatérielles. Comme science, art et philosophie.

Les plus pures sont les plus humbles ; comme servage.

¶ Le labeur que l'on doit exécuter est ainsi multiforme.

¶ Ce qui importe est la façon dont il l'est.

¶ Le choix que l'on en fait doit être basé sur les raisons intérieures que l'on sent dans soi.

Et sur les indications mêmes des événements.

¶ Mais il faut que l'homme ait un labeur.

¶ L'esprit du travail est fait de soumission et de prévenance. Cette prévenance qui est le désir et l'effort de satisfaire à la loi à laquelle est on obéissant.

¶ Car le travail écarte aussi l'homme du mal.

Et il rend sa vie utile.

¶ Non pas seulement selon l'esprit. Mais selon l'ordre actuel des choses créées par Dieu.

§ XII

Après que la voie est choisie, il faut la suivre sans se retourner en hésitations rétrospectives.

¶ Cela est l'affaire de ceux qui ne sont pas confiants en Dieu.

¶ Et il ne faut pas se tourmenter pour les choses dont il n'est pas indiqué à chacun qu'il doit en tenir souci.

¶ Et souvent on voit les hommes se précipiter à leur perte en cherchant une félicité trompeuse.

Malgré que cela chagrine il faut les laisser aller s'instruire à leurs dépens. Car on sent qu'ils suivent la loi qui convient à leur nature. Et qu'ils accomplissent leur sort prescrit.

¶ Il faut seulement regarder avec amour ces âmes particulièrement faibles.

Elles servent par leurs occupations à permettre la grandeur de ceux qui sont plus hauts.

¶ Comme les alouettes, elles courent au miroir sans penser que, près de lui, sûrement il y a un fusil. Comme les oiseaux, elles subissent le destin, que la direction de la vie voulait.

¶ Pour moi, je suis très faible. Et je ne sais pas acquérir la vertu que je sais, dans ma tête, qu'il faut.

Or, je ne me plains point. Car je sais que ma bassesse est la pâture nécessaire à l'humiliation humaine.

¶ Ce qu'il faut dire est que la volonté suprême se fasse ici comme dans tout l'univers.

¶ Et il n'est point d'êtres qui ne servent point à quelque chose.

Les insectes ont une grande utilité.

Et il y en a parce que l'a voulu Dieu.

¶ C'est pourquoi il ne faut point s'inquiéter de tout ceci.

Ni prétendre modifier à son idée le monde. Parce que ceci est impie.

Ni croire que l'on a en soi capacité de déplacer une poussière. Parce que cela est fou.

¶ Il faut suivre ce que l'esprit dicte.

Et travailler avec âme et corps humblement. Et Constamment.

Et de n'avoir cure d'amour d'aucune autre chose.

§ XIII

Car il est vrai qu'au moment où l'on sent l'utilité de manifester loyalement la beauté du travail intellectuel désintéressé.

On est pris d'un doute.

¶ Car il se pense à toute cette foule de gens qui pourissent dans l'absence de toute beauté supérieure.

Et plutôt que de chercher à acquérir une vertu plus grande.
Soi.

Ne ferait-on point mieux de leur montrer, avant, quelque chose de ce que déjà on détient?

Est-elle plus haute cette conception du beau qui est de tout donner de soi aux autres.

Y a-t-il mieux que tous les raisonnement dans l'action toute simple du bien.

Est-ce davantage un égoïsme capital que travailler toujours sans chercher une utilité pour tous.

¶ Encore non.

¶ Et l'homme qui, ayant travaillé avec acharnement tout un jour et par là ayant quelque peu négligé la charité (à quoi il se doit) n'a pas de remords.

Il sent que ce qu'il a fait était son devoir.

¶ Et il lui semble qu'un ange durant son travail, priait à travers lui.

§ XIV

Messieurs, rien ne prouve que la bienfaisance soit une manière supérieure de travailler au réel.

¶ Car notre croyance est précisément à la Providence.

¶ Et que Dieu qui nous amène au vrai sait qui et comment amener au vrai.

¶ Le désir de faire partager des idées religieuses est une aspiration désintéressée. Mais non pas plus que celle du chercheur, dans un domaine de savoir, convaincu.

¶ Et qu'il y a peut-être plus de grandeur dans le labeur insensible de celui-ci que dans le besoin d'animer un cœur à l'image du sien.

Et d'être payé par lui de reconnaissance et d'amour.

¶ Et qu'il est peut-être plus pénible pour un homme d'édifier des hom-

mes. Faisant ceux-ci forts par eux-mêmes grâce au fait seul de son exemple.
Que se créer des vassaux, débiteurs de bienfaits.

⁋ Ce qu'il faut est donc de s'inquiéter non de la force, mais du fond.

La sincérité du vouloir est la seule chose qui doit être guide.

⁋ Il y a plus de beauté dans une élévation unique de l'âme vers **Dieu**
directement que dans la recherche d'une science toute fugace et **infime**.
Alors que nous pensons posséder toute science en l'au-delà.

⁋ Mais les desseins de Dieu sont plus profonds.

Loin de rechercher une perfection savante il faut réaliser du mieux **pos**-
sible la besogne toute modeste qu'il nous propose.

⁋ Et nul ne peut dire qu'il ne découlera pas un bien infini de ce **labeur**
avec franchise exécuté.

⁋ On suivra la tendance que la Providence a placé dans l'âme.

⁋ Ce qu'il faudra est d'éviter avec un soin pareil de s'attacher **à des**
choses sensibles ou de tomber dans l'insensibilité.

On réglera comme sous les doigts l'équilibre de l'intérieure **balance**.
Passant d'un plateau en l'autre suivant qu'on croira avoir exagéré **dans**
une méthode.

§ XV

Non plus ne voudrais-je pas voir faussement penser au sujet de ma
façon de voir. Quant à la haute valeur des études de la Nature. L'idée
que ce m'est une « manie » personnelle, pourrait aisément venir à l'esprit.

Je veux donc bien exactement vous faire connaître comment la question
se résout dans mon âme.

⁋ Jamais je n'ai connu une exaltation incontrôlée quelconque dans **la**
contemplation de la création.

⁋ L'imperfection de ma pensée est même si grande que je perds souvent
la conscience du but que je cherche à atteindre par elle. Et je ne fais **plus**
remarque de sa beauté. Je vais au travail le plus souvent comme à regret.
Et tandis que déplore mon cœur de ne pas rester dans la douceur de faire
nulle chose. Ou des futilités.

⁋ Aussi ce que je dis n'est que le fruit de la raison froide et de la connaissance trop expérimentale des diverses influences extérieures sur mon âme.

¶ C'est lorsque l'âme desséchée se sent perdue douloureusement dans le monde physique, et ne sait par où atteindre à la vertu, que la méditation sur la magnificence d'une fleur de graminées manifeste à nos esprits que vérité est dedans.

§ XVI

L'on ne peut pas dire que cette vérité est d'ordre inférieur. A tout moment, acharné aux petites besognes bien peu rémunératrices en science de l'étude, je me renouvelle cette question. C'est alors mon âme qui renie mon esprit. Et me souffle qu'il est des besognes de charité sociale qui seraient plus utiles que mon labeur solitaire.

¶ Mais, je le dit hautement, lorsque je possède bien ma raison froide, je reconnais un sophisme derrière ces sollicitations. Cette aspiration à aller remplir bons offices, près autrui, est, pour une certaine partie, intéressée. Et parce que l'on y trouve plus de satisfactions que dans le travail nu.

Et elle comprend une part de foi en notre pouvoir personnel. Qui est complètement illusoire.

Je n'ai certes pas, Messieurs, à vous inciter à vous regarder vous-mêmes. Vous avez, bien sûr, constaté que votre état intérieur et extérieur, à un moment, est le résultat naturel d'un enchaînement causal déterminé, où votre ego conscient n'a pas joué de rôle.

Vous êtes ce que la nature et les forces providentes ont voulu. Et rien autre.

¶ Si donc l'homme a bien pris conscience de cette humilité de son état, Et si la raison a convaincu de la bonté de Dieu, il faut estimer que le vrai se trouve, non pas dans une volonté d'action remarquable, mais dans l'acceptation pieuse de la valeur reçue.

¶ Et dans la recherche adorative d'une humble contemplation de la beauté de Dieu.

§ XVII

C'est alors que l'on se sent vraiment près de Dieu. Et en communion avec les imprescribles lois.

¶ Il faut se précipiter sur toutes les occasions qui se présentent de rendre un service patent ou caché à nos pauvres semblables.

Mais il me parait déraisonnable de se fixer pour but *a priori* de chercher par tous les moyens à leur faire un bien.

¶ Nous sommes complètement impuissants.

Il faut laisser venir les indication providentielles.

Et n'obéir qu'à des sollicitations intérieures bien constatées.

¶ Celles-ci, et, peuvent chez certains n'être que le fruit de la raison pure.

¶ Que si l'on veut améliorer l'humanité, pour moi, il me semble, on fera pour elle en travaillant en soi-même effectivement à son perfectionnement. Et qu'il sera moins profitable de la harceler à tout instant en vue de la contraindre à faire ce dont elle n'a pas envie. L'exemple est une très bonne prédication.

§ XVIII

Je parle justement pour celui qui est dépourvu d'extase et qui n'est pas un sur-homme. Je dis qu'il éprouvera toute sa satisfaction et son perfectionnement du travail élevé et spirituellement conçu.

¶ Je sais que la beauté est le plus sûr chemin pour mener un homme moyen et équilibré loin du vice.

La Nature est la réalité tangible qui peut le plus sûrement conduire auprès de la vérité absolue. Que nous nommons Dieu.

Comme je sais aussi qu'un dogme rationnel, positif et pur est nécessaire à alimenter le besoin de l'esprit d'une façon plus substantielle que les moyens de la spéculation.

¶ C'est donc à cet homme normal et équilibré. Je m'attache à lui conseiller de rentrer en lui-même.

¶ Et d'y cultiver simultanément l'art, la science et la religion.

Ces parties sont d'un tout indissoluble sur cette âme. Vouloir s'attacher à une et abandonner les autres ne peut conduire celui-là sinon à **de regrettables excès.**

¶ Travailler, telle est l'action avant tout. Et ne pas parler.

¶ La païenne Vénus de Milo. La découverte, qui fut condamnée par l'Eglise de la rotation de la terre autour du soleil. Rapprochent de Dieu un plus grand nombre d'hommes que beaucoup de paroles de personnages pleines de pieuses intentions.

¶ Il faut humblement laisser passer la Providence de Dieu.

¶ Tout contact de l'âme avec les vérités créées lui sera profitable.

D'abord, par elles est-elle consolée des souffrances terrestres. Ensuite, l'image céleste élève ses sentiments. Dans la conviction qu'aucun **travail** n'est trop petit.

¶ Lorsque je dis saint un labeur, c'est aussi bien de même **que faire** métaphysique ramasser des ordures.

¶ Mais je dis aussi qu'il est saint comme de ramasser ordures faire **de** la métaphysique.

Ce qu'il fait est de ne pas avoir souci d'aucune autre chose.

Mais d'accomplir avec force les devoirs qui sont afférents à l'état **où l'on** se trouve. Et l'on sent que l'on est dans la place où il faut.

¶ Alors on a une vie conforme à l'installation sociale que Dieu a voulue.

¶ Et l'on est avec Dieu parce que l'on est sous l'impression unique de la **conscience.**

¶ Le devoir de celui qui veut vivre avec l'esprit de communion avec la nature des choses et le vouloir divin est, je crois, ainsi.

¶ Cela est conforme, également, à l'inspiration de « Laboris humana in Deo communio ».

¶ Celui-là ne négligera aucun homme. Parce qu'il doit essayer de répandre la petite lumière qu'il a le bonheur d'avoir reçue.

¶ Il s'écartera de toute l'humanité. Parce qu'il ne doit pas laisser **amoin-**drir par la noirceur de la masse sa petite lumière. Et il se cherchera lui-même. Parce que c'est au fond de lui qu'il l'a reçue.

L'objet que le travailleur doit chercher à atteindre est en lui-même et **non** par ailleurs.

En se refermant dans son cœur, il recherchera l'élévation perpétuelle cherchée dans un équilibre constant de son moral et de son intelligence. Si l'on oubliait de faire la part des réalités extérieures, on risquerait de ne pas faire œuvre humaine, ce qui est, je crois, dommage. Si l'on étudie, et que l'on ne se purifie pas en même temps, on ne peut pénétrer la vérité dans sa finesse, et l'on ferait travail piètre.

Ce qui est important, ce n'est pas de connaître tel ou tel détail minime de la création. Mais il est très sérieux de transmettre aux générations un lot d'observations, marquées d'une adoration intelligente pour le Grand.

L'être qui, suivant sa voie, consacre sa vie à un de ces vastes travaux entièrement objectifs détient le plus profond des droits à la déférence humaine.

Veuillez considérer un travail semblable.

L'auteur s'y est efforcé de mettre le plus intégralement qu'il put son objet dans l'œuvre. Lui-même, par contre, s'efface.

Or, dans cet immense labeur auquel il consacre toute sa force, et qui est muet quant à lui, je vois le plus grand mérite.

Car, Messieurs, ne vous apparaît-il pas que cette façon de travail est la plus désintéressée?

Et je dis aussi qu'elle est la plus grande et même la plus élevée. Celui-là qui, par cette action, s'évertue à exposer un des tableaux sublimes de la nature sans dresser de commentaires. Qui se constitue l'interprète nécessaire de la splendeur divine auprès des hommes, et que toutes les générations futures sont obligées de consulter pour acquérir le savoir du domaine qui est le sien. Celui-là n'a-t-il pas apporté une pierre grosse pour faire connaître le vrai véritable, et donc l'absolu et Dieu. Son successeur, aussi utile toutefois, qui vient discuter sur les bases établies par lui afin de pousser à en admirer la beauté et à glorifier leur auteur, n'est que son successeur.

Et pour le bien individuel, je vous affirme que, pour quiconque est pris d'amour pour un sujet, il n'est rien d'aussi utile que de l'étudier.

Si, en vous, réside une de ces indications, il faut que vous la suiviez dans l'esprit de foi et d'altruisme qui s'impose.

Vous savez que le plaisir que l'on y trouve est moins abondant que la difficulté. Mais si nonobstant celle-ci et que vous êtes fatigué, — sans acharnement déraisonnable — avec un vouloir intérieur jamais démenti, — vous travaillez toujours, malgré l'ennui, à ce labeur d'une admirable inutilité tangible, alors, je le dis véritablement, la parole de votre conscience vous expliquera, par après, que là était bien le devoir.

§ XX

Il en est qui assurent bon que les hommes vertueux se donnent ardemment aux affaires humaines. Afin, ils disent, de contrebalancer l'effort de ceux qui sont mauvais.

¶ Or je tiens pour cette opinion fausse.

¶ Je suis fâché fort de m'élever contre elle. Parce qu'elle est prônée par des hommes qui sont de très bonne intention.

¶ Et je dis encore, comme j'ai fait, que ceux qui sentent en eux la conviction qu'ils se doivent affairer de politique, ils le doivent faire.

¶ Mais je crois qu'il importe d'affirmer la nécessité que ce soit carrières d'exception pour ceux qui ont en eux la vérité.

¶ Il est mauvais que la voix de l'esprit soit associée avec la force du monde.

¶ Parce que la voix de l'esprit est suffisante en elle-même. Que le monde est impuissant à l'aider.

¶ C'est une impiété que de prétendre faire du bien à la vertu providentielle par des actions matérielles.

¶ L'esprit n'a pas à lutter. Il est.

¶ Qu'est-ce que c'est que les batailles de cent millions d'hommes pour manifester l'esprit divin que relate la patte d'un crustacé humble.

¶ La loi des hommes qui sont dans la vérité est de faire le bien à tous. Et celui qui gouverne opprime.

C'est donc à eux-mêmes d'êtres opprimés.

¶ Il y a plus d'imperfections dans la puissance vaticane que dans les catacombes persécutés.

¶ Celui qui est avec l'esprit, si on lui frappe la joue droite, tend la gauche.

§ XXI

Le jour où les idées qui sont ici exposées auraient pénétré foncièrement la foule. En ce jour, il serait bon que ceux qui les défendent entreprennent de modifier sa constitution en cherchant le mieux.

⁋ Comme cela est venu justement à l'heure où le christianisme a été infusé par toute l'Europe.

⁋ Et même alors, le devoir des penseurs et des âmes pures ne serait pas de diriger, mais seulement de conseiller. Parce que jamais le pouvoir temporel ne doit polluer le spirituel en s'adjoignant à lui. Même en lui semblant soumis.

⁋ Or, à l'heure présente, l'esprit pur est loin de régir la foule. Car un flot de cynisme la couvre de plus en plus.

⁋ Il convient donc bien à ceux-là qui sentent en eux très fort la lumière intérieure de se défaire entièrement des choses de ce monde. Ils ne doivent point et jamais prendre parti dans les luttes des hommes.

⁋ Le despotisme est une chose honteuse. Mais là où sont des despotes il faut les laisser s'ensanglanter des justes. Et les justes n'ont pas à s'ensanglanter de lui.

⁋ La démocratie est dans les vastes nations une incomparable folie. Mais là où sont les démagogues il faut les laisser flatter ce qui est bas. Et les autres n'ont pas à flatter ce qui est haut.

⁋ Il convient de prier Dieu pour que son règne arrive, dans cette société comme dans le reste de la création. Et c'est là tout ce qu'il y est lieu de faire.

⁋ A ceux qu'anime l'amour de la foule, ce qu'il faut est un labeur de paix.

Qu'ils subissent la guerre, s'il faut. Mais qu'ils ne fomentent que l'apaisement.

⁋ A ceux qui sont morts à eux-mêmes, rien ne convient qui touche intérêts.

Que les agitations fugaces du monde les entourent, s'il faut. Mais qu'ils n'aient en vue que le règne sublime de l'au-delà.

⁋ On peut être vivement dépité par la défectuosité des institutions sociales. La perfection ne peut d'ailleurs évidemment être atteinte, ni même approchée.

⁋ Je crois, oui, que de très sensibles améliorations pourraient résulter de réformes générales basées sur les enseignements philosophiques de la raison et de l'expérience. Je soumettrai plus tard mes humbles suggestions dans ce domaine.

§ XXII

Ce qu'il faut seulement retenir comme indication est que l'homme a besoin de trouver le plus possible de ce qui peut contribuer à son épanouissement normal. Parce que c'est ainsi que sa vie sera suivant l'institution divine.

¶ On se représente que l'homme qui est un composé indivisible d'esprit et de matière forme une unité complète et intangible.

L'individu est un et se suffit à lui-même, sa personnalité lui appartient en propre ; elle est inviolable.

¶ La société humaine n'existe pas. Elle est une simple fiction, une aide mutuelle volontaire et toujours refusable.

(Les constitutions basées sur une soi-disant liberté et égalité des hommes sont établies sur une erreur et attentent à la liberté véritable et à l'individualité des êtres en leur imposant une vie déterminée.)

¶ La liberté doit être la principale possession des individus.

L'âme doit pouvoir s'épanouir à sa guise et se manifester elle-même par elle seule.

Tant qu'un homme n'est pas une entrave à des hommes, il doit pouvoir devenir homme de plus en plus.

¶ Mais la liberté n'est qu'apparence. Il n'y a pas d'hommes libres. Car aucun n'a de droits. Et tous ont des devoirs.

¶ Il faut que chacun subisse les nécessités de son sort. Et qu'il le fasse avec accord à l'inspiration spirituelle.

¶ Alors il possède la seule liberté qui est de n'être soumis qu'à Dieu.

§ XXIII

Cependant, il y a une chose pour laquelle il convient de savoir comment il faut agir pour la liberté des individus.

Je pense à l'éducation qui est donnée aux enfants pour qu'ils soient hommes bons.

¶ Car l'on sait qu'il faut leur inculquer les idées du bien. Pour agir d'après la charité vis-à-vis d'eux.

¶ Car je pense qu'on ne doit rien leur dire afin de laisser aller le monde comme il doit. Pour agir d'après la charité envers Dieu.

¶ Mais il faut aussi être persuadé que l'amour et le désir d'instruire font partie des choses naturelles. Alors donc est-il certain que l'éducation est chose qu'il faut faire.

¶ Mais je crois aussi que l'éducation doit être faite avec circonspection. Et appropriée à la nature de chaque élève. Afin que ne soient point contrariées ses inclinations.

¶ Je crois que c'est un tort que de placer les enfants en pension. Je parle pour ceux des classes aisées.

Il me semble que les parents devraient aimer former l'âme de leurs enfants. Cela serait du moins logique.

¶ Les enfants qui sont élevées dans les collectivités pourront appliquer les qualités qu'ils possèdent; mais davantage ils gagnent des défauts qu'ils ne possédaient pas.

¶ La famille est la base naturelle du groupement des hommes. Il me paraît qu'il est conforme aux vues du Créateur que ce soit dans sa famille que l'enfant trouve la pâture de son esprit avec celle de son corps.

¶ Voilà pourquoi les pères ne devraient pas écarter leurs fils de leurs maisons. Mais avoir pour souci majeur de faire leur perfectionnement. Et accomplir tous leurs actes de telle sorte qu'ils puissent servir d'exemples à leurs enfants.

§ XXIV

Il convient de mettre la jeunesse, selon une des directions de *Laboris in Deo humana communio*, devant des sentiments délicats.

¶ Et, des formules, il faut ne pas lui en fournir.

¶ Ceux qui sont adolescents ne raisonnent pas avec puissance. Mais, la valeur des choses pures, ils la comprennent très bien.

¶ Je crois qu'il y aurait avantage à ne pas leur faire apprendre les détails des assertions des religions.

Parce que lorsqu'ils se développent, ils se détachent d'elles. Car ils y sont trop habitués. Et ils ne sondent pas le vrai qui est sous les mots.

¶ Ce qu'il faut est leur donner contact avec le fond.

¶ Et attendre que se développe leur soif. Ce l'éveille.

¶ Et alors il faut donner, conformément à leur curiosité particulière, u
alimentation, dosée, à leur désir de savoir.

¶ Et ainsi ils feront cadrer peu à peu les vérités particulières dans
vérité générale dont leur âme a été baignée.

Et ils croiront.

Parce que la voie normale de la vérité aura été suivie par leur âme.
ils auront chance d'être humbles et purs.

¶ La méthode inverse ne peut réussir que chez ceux qui ont une volo
d'examen, et une sorte de réaction aux penchants, qui ne sont pas commu

¶ Aux êtres jeunes il faut laisser la liberté. Et attendre que l'âme
forme en eux suivant la voie qui est normale. Et quand leur corps s'
lassé lui-même au lieu d'avoir été contraint. Et en guidant seulement l
être vers la contemplation. Et ils pourront atteindre l'âge sérieux avec l'
prit qu'il faut. Et voudront eux-mêmes conformer leurs ardeurs à ce qui
pur et supérieur. Chacun suivant son inspiration.

§ XXV

Or tout être a son utilité dans le plan de la création. Jamais il n'est
de supprimer un organisme ni une pierre. Parce que l'un et l'autre ont l
place marquée dans le monde. Et un déplacement désordonné produit
trou dans l'harmonie.

¶ Ainsi ont les hommes tous des aptitudes. Je dirai presque des go
Qui leur indique, ce qu'il leur est bon d'accomplir.

Chez les anthozoaires, des animaux servent à la nourriture de tous.
autres à la reproduction de l'espèce. C'est qu'il est en ceux-ci une disposit
à préférer la jouissance vénérienne aux satisfactions gastriques. Ou in
sement, qui les oriente dans le sens où il est nécessaire qu'ils aillent en
que soit équilibré le monde.

¶ Si les hommes sont nombreux dont la profession est peu satisfaisa
pour la société et eux, cela vient de ce qu'ils ne suivent pas leurs incli
tions.

Et ils ne les suivent pas parce qu'ils ne savent pas qu'ils en ont.

¶ Pour que les hommes orientent leurs efforts comme il serait bon faudrait laisser pousser leurs corps comme plantes. Celui qui est être supérieur, aura désir, vite, de savoir. Et il apprendra avec promptitude comme plaisir ce que, jeune, on lui aurait inculqué avec de nombreuses années par le recours de sanctions dures.

℣ Pour les jeunes gens, qui en grandissant, ne se sentiront pas des aspirations aux études graves. L'on saura alors qu'il n'est pas opportun de les à pousser. Ceux-là qui auraient subi des années de douleurs superflues à encombrer un collège de leur incapacité.

℣ Et il ne leur sera pas fait grief d'avoir goûts différents.

℣ Car il faut des ouvriers pour tous les ouvrages.

℣ Et ils adopteront le métier pour lequel il sera reconnu qu'ils sont aptes.

§ XXVI

℣ Après ceci, je reviens au sujet prince de ce chapitre. Du travail désintéressé auquel se doivent ceux qui veulent être purs. Et je parlerai des qualités morales que je lui pense falloir.

℣ Dès lors que je considère comme assurée l'utilité que l'homme agisse durant le séjour sur terre qui lui est infligé; ainsi il reste à en chercher les moyens les meilleurs.

℣ Au Bien, au Beau et au Vrai il convient de tendre.

℣ Je suis tenté de séparer en ces choses, deux catégories.

℣ D'abord la recherche du bien et du beau quand ils n'ont d'autre but que la perfection personnelle.

℣ Ensuite la recherche du vrai dont le but entièrement charitable est d'essayer de satisfaire l'humanité entière avec soi.

℣ La première besogne comporte l'usage des pratiques de religion et des vertus.

Ce sont là des matières extrêmement copieuses.

Il y a des manières multiples de bien agir. Elles sont surtout délicates. Je n'en parlerai point; on suit, pour les effectuer, les indications de la lumière intérieure. A laquelle les paroles sont contraires.

§ XXVII

Les modes de bien faire sont multiples.

¶ La bienfaisance a trouvé dans le dévouement des vertus humaines de nombreuses manières de s'effectuer. Ses procédés habituellement matériels — comme aumônes, soins, éducation et autres consistent en une action directe sur l'humanité.

Comme je l'ai dit, le but véritable est de contribuer, en redressant les maux, à rendre aux choses leur direction normale selon l'esprit.

¶ Un autre mode, est celui qui consiste en un effort purement subjectif.

Il est l'effet de l'activité de l'âme elle-même et non des objets sensibles. Je veux parler de la prière.

¶ La prière est la libération provisoire de l'âme, un élan de sa part vers Dieu.

Elle s'extériorise et se fait une avec le Sens.

Elle vient ajouter un instant son action à celle de toute la nature contemplant son producteur.

Elle agit suivant son essence même qui est l'immatériel. Avec toute sa puissance. Avec volonté et raison.

¶ Je ne puis parler de cela avec suffisance. Mais, je me demande si après avoir beaucoup réfléchi, et malgré que cela n'apparaisse point à l'abord, si, dis-je, on n'arrive pas à croire que la prière est la plus haute des manifestations de l'âme.

¶ Et si elle n'est pas la plus utile.

¶ On voit, je pense, en tout cas, qu'il est erroné de croire la prière effet de pusillanimité.

Au contraire, elle est la charité par excellence.

¶ Elle unit les hommes dans un « nous » qui n'aura sa réalisation que dans la vie à venir. Et qui est le dernier mot de l'astruisme.

¶ C'est dire, à Notre Père, que son règne arrive. Qu'il nous pardonne à nous comme nous pardonnons.

§ XXVIII

A ces devoirs il convient donc de consacrer une part première de la vie.

¶ On peut en distraire quelques parcelles pour un repos et une distraction plus ou moins contemplative qui sont une nécessité à la santé de l'âme surtout lorsque, déjà, on devine en elle les prémices de la décrépitude.

¶ Vient alors le travail de la beauté.

Qui est aussi une prière.

¶ Il est mauvais de s'attacher à la forme des choses. Si c'est elle-même que l'on aime dans elle.

¶ Mais il est bon d'aimer les formes des choses. Lorsque c'est celui qui a fait toutes les choses à qui l'on s'attache par elles.

Que ce soit les chiens, la musique, les montagnes, les femmes ou enfants, les locomotives ou les fleurs.

¶ C'est pourquoi il est bon d'étudier l'art.

Et de savoir édifier des objets esthétiques. Car cela est glorifier Dieu.

¶ Mais il faut faire cela, non avec matérialité, mais sous l'inspiration d'une idée.

Non pas forcément une pensée. Un état d'âme qui soit spirituel.

§ XXIX

Et ainsi comme il ne faut pas faire œuvre réaliste, de même il faut se garder d'user de « l'art pour l'art ».

¶ Lorsque l'on joue aux quilles, on conçoit que l'on ait point d'autre but que jouer aux quilles. Quand on possède une qualité qui donne aux travaux une séduction pour ceux qui les contemplent, est-il non raisonnable de les créer par l'agissement d'un jeu futile.

¶ L'homme possesseur de telles qualités n'a certes point le droit de les utiliser à des emplois sans raison.

Ceux qui le font pèchent par légèreté. Sinon, je crois qu'ils seraient coupables. Et à dire vrai, ils ont peut-être un talent, fort grand, mais ne sont point les génies véritables parmi eux. Ceux-ci possèderont toujours notion de la valeur du souffle dont ils sont animés.

¶ Quiconque est guidé par une puissante raison, a celle de connaître qu'il la doit utiliser à guider les autres avec lui-même.

¶ Je développerai tout à l'heure des idées sur ce sujet. A présent considérons, s'il vous plaît, qu'il faut rechercher la science.

§ XXX

¶ Je trouve que l'homme ne peut point se parfaire mieux qu'en cherchant à s'identifier avec toute la création, c'est-à-dire avec le vouloir divin.

¶ Mais maintenant, au lieu de se borner à cette adhésion contemplative, il cherchera à acquérir savoir. Par lequel il proclamera une adoration de plus en plus consciente.

¶ Il étudiera l'univers afin de chercher à le comprendre. Non pas dans le but de satisfaire un orgueilleux sentiment. Bien pour chercher à connaître mieux la charité de Dieu.

Et témoigner de sa soumission. En voulant retracer ses actions et suivre, en quelque sorte, les pas de ses démarches.

¶ Toute la poésie de la nature, et le discours direct qu'elle tient aux âmes, augmente (et se saisit d'autant plus) que l'on a pénétré davantage dans la scientifique connaissance.

Et je ne vois pas ce qui pourrait être plus noble que cette étude du réel. Et mieux porter l'âme au bien.

¶ La Prière, même, a quelque chose de particulier, de quêteur. D'une âme pour soi, ou pour d'autres âmes.

Ce travail par lequel l'esprit essaye de se rendre un avec tout. En demeurant cependant perpétuellement objectif. Faisant acte de simple traducteur de ce qui est est (sans rien vouloir y ajouter) me paraît combler ce qui est de plus élevé parmi les désirs de nos âmes.

§ XXXI

La vie est effroyable mortellement.

¶ Et la pénétration des vérités très hautes et très pures sont le grand argument qui fait vivre.

¶ L'humanité est pleine de fausseté et de bassesse.

¶ Et l'étude approche de la sincérité suprême et de la noblesse.

¶ Et elle fait que les hommes laissent les idées de discorde. Et s'unissent dans un esprit de compréhension universelle.

¶ Comme une fontaine intarissable elle assouvira éternellement la soif des générations des générations.

¶ Parce que les êtres viennent de Dieu et que leur connaissance approche de Dieu.

¶ La jubilation admiratrice envahit les âmes des chercheurs. Car ils se sentent en contact avec ce qui les dépasse beaucoup. Et qui est beau avec sublimité.

¶ L'amour et le désintéressement baignent leur cœur intégralement. A cause de leur esprit qui grandit en eux. Parce qu'il se retrouve en présence du Sens qui est l'esprit du macrocosme.

¶ Et ils réalisent en eux la pureté concrète qui est faite pour régner sur leur corps et leur âme par leur esprit. Parce que leur esprit est abreuvé par Dieu. Et que leur vie remonte à Dieu comme un encensement normal.

§ XXXII

L'homme qui se consacre à la trouvaille des vérités n'est jamais apprécié comme il le devrait.

La société le regarde avec moquerie. Et il se comprend exotique dans les salons.

¶ Et un fait est plus pénible. La frivolité mondaine n'est pas son seul contempteur.

Oui, le dévoué chercheur il est dédaigné de beaucoup des hommes de bien.

⁋ Ils regardent sa négligence des futilités pour une manie coupable.

Ils le voient dépenser ses forces à un but dont ils ne saisissent pas la réalité. Pour eux il est l'esprit perdu à cause d'une idée fixe qui le déséquilibre. Il s'use pour un sujet inutile alors que la souffrance de ses semblables lui paraît être indifférente.

⁋ Il est triste d'être ainsi sujet de scandale. Pour les êtres qui devraient le mieux vous apprécier. A cause de plusieurs qualités qui les rapprochent de vous.

⁋ Il faut d'avance être résigné à toutes ces déceptions.

⁋ Pour le penseur même il est peu important que les hommes disent quelques choses sur lui.

Car il entend le langage mille fois plus averti de toute la création.

Il sent qu'il est une voix nécessaire.

Il sait que le labeur qu'il accomplit achemine les âmes vers un peu plus de beauté. Avec un mérite d'autant plus grand qu'il ne lui verra pas porter ce fruit.

Il devine la venue d'un temps meilleur. Où les hommes seront plus grands un peu parce qu'aujourd'hui il a cherché plus loin que le présent.

Il s'incline devant l'intelligence exquise qui engendre les mystères sublimes, qui provoquent sa recherche admirative. Et il sent qu'un jour doit venir où ces travaux seront l'apanage d'une foule. Et où le peuple sera conduit dans les bras de Dieu par beaucoup de science ainsi comme un peu l'en a éloigné.

⁋ Tel est bien le but si noble que tout autre plus grand eu en vue, du chercheur et du contemplateur de l'universelle splendeur.

⁋ Continuez, continuez seuls, tout seuls à vous précipiter dans les vagues de l'idéal océan. Il ne faut détourner plus la tête un instant. Et que la hauteur de votre rôle provoque votre application.

§ XXXIII

Il s'en faut de beaucoup que le chagrin soit un mal.

⁋ Certes, il ne faut point qu'il soit trop abondant.

⁋ Mais l'action ordinaire de l'équilibre lui est une impossibilité d'hypertrophie.

¶ La peine est le sentiment qui permet le mieux à l'âme de prendre possession d'elle-même.

¶ C'est alors qu'elle comprend combien elle est seule et qu'il n'y a point pour elle de bonheur à rechercher dans les hommes.

Et cette solitude lui est un avantage, car, isolée, elle éprouve un dépouillement de ce qui n'est pas elle et son action purement individuelle gagne en qualité.

¶ Mais en même temps qu'elle l'éloigne du fugace, la disgrâce rapproche l'âme de l'Eternel. Elle lui fait saisir avec une intensité curieuse qu'elle est infiniment en relation avec un univers invisible. Qui l'assiste dans les moments cruels.

¶ Ne souhaitez jamais de trouver le bonheur venu des hommes.

¶ Il se paie par une diminution de vous-même qui est trop chère.

¶ Il faut plutôt aimer la douleur comme une action divine qui sert à notre bien.

¶ Et qui nous fait désirer la mort et l'infini avec une acuité nouvelle. Et nous rapproche de Dieu. Et nous procure même une amère jouissance qui, si l'on pouvait garder son esprit alors, est délicieuse.

¶ Et l'on peut, je crois, constater que les hommes les plus prisés étaient vite dédaignés. Tandis que ceux dont la vie superbe était méconnue jouissent d'une mémoire de tous respectée.

§ XXXIV

J'ai posé admise la connaissance ainsi acquise de la faute qui pèse sur l'humanité, ainsi que de la dignité considérable réelle de l'âme.

¶ Il me semble que tout homme devrait se placer en face des satisfactions terrestres dans l'esprit suivant. Qui est conforme aux considérations effectuées sur l'équilibre de la création .

¶ Je suis, en fait, dans l'esprit du Créateur, dans un grand état de culpabilité : je n'ai point *de droit* d'attendre de lui de satisfactions.

¶ Je suis, en puissance, dans mon esprit, dans un état magnifique de suprééminence. *J'ai le devoir* de mépriser toute satisfaction.

¶ La vie humaine *normale* est un *cours* uniforme de conscience.

¶ Il est constamment dirigé dans le même sens.

Rien ne le trouble et ne le fait vaciller. Il utilise logiquement toutes les circonstances qui, selon la Providence établie, doivent être capables de l'élever.

¶ L'homme doit se sentir voler au-dessus des choses par un essor continu. Comme les oiseaux planeurs il sait s'orienter pour que tous les vents contribuent à son ascension indéfinie. Et sans qu'il y ait nécessité de donner un coup d'aile.

§ XXXV

Il me semble que la solitude est tout bénéfice pour celui qui cherche à accomplir sincèrement et de son mieux son œuvre normale.

Les relations qu'on a avec ses semblables donnent naissance à deux courants d'échanges par réciprocités. On discourt avec autrui. Les autres discourent avec vous.

Le premier effet est le plus fâcheux de tous.

Quoi est-il de plus fâcheux que de pérorer en public? Vaines paroles. Qui donc sait ce qui court sous le crâne de l'interlocuteur le plus proche tandis qu'il paraît écouter avec intérêt ce que l'on lui propose? On parle et l'on s'écoute soi-même assurer ce que l'on sait fort bien. Une excitation factice naît, on cherche à convaincre. Longtemps après on cherche encore ce qu'il aurait fallu dire en se remémorant toute la conversation vingt fois. Ainsi on use maladroitement une période précieuse qui est à jamais perdue. On se diminue soi-même d'avoir petitement voulu briller devant quelques hommes. Et on amoindrit jusqu'à la noblesse de sa pensée pour la leur avoir jetée en pâture.

Il faut aussi subir le sermon de l'interlocuteur et prendre garde de s'y paraître complaire. Cela encore emploie beaucoup de temps. On risque à ce jeu de prendre l'empreinte de celui qui parle et de perdre la valeur individuelle et tout le caractère de sa personnalité.

Au contraire, c'est elle seule qui influe sur le solitaire. L'esprit en surchauffe de sa propre substance ne vit qu'en lui-même et c'est cela qui forme toutes les qualités de sa pensée qui se tourne en tout sens dans sa propre nature. Pas une minute de sa vie n'est inutilisée par l'homme vraiment libre. Car il n'a point d'attache. Son existence accomplit avec toute sa fécondité et son ampleur le produit logique que sa nature lui assigne.

Il est bon, cependant, de prendre parfois avis de ceux qui sont autorisés. Il faut rétablir l'équilibre d'une pensée qui parfois peut dévier, par le contact d'autres idées. Mais il faut ne frayer qu'avec ceux dont on sait, par raison, devoir tirer profit. Ou bien si on croit soi-même leur servir. Et il faut que cela soit par rencontres espacées et jamais au moyen d'une vie normalement commune. Qui engendre l'imitation, le dégoût, la paresse.

Je crois que le moine est l'homme qui, par rapport à lui-même, vit de la manière la plus perfectionnée.

¶ La vie en communauté lui permet de posséder le vivre et le couvert sans y songer.

¶ Il se nourrit au juste pour sa subsistance.

¶ Il a le loisir ou même l'ordre de ne jamais parler.

Toutes les conditions meilleures se trouvent donc réunies pour lui permettre la vie intérieure la plus sentie.

¶ Il est absolument et heureusement seul.

¶ Peut-être fait-il que par l'effet de sa prière soient orientées vers le bien une infinité de forces animiques de l'univers.

Et sa charité obtient l'effet le plus grand possible car il est concentré dessus.

¶ Et il ne peut jouir de la félicité la plus dématérialisée.

¶ La vie monastique, je crois, est donc, sur terre, celle de quoi l'homme désireux du mieux cherchera à se rapprocher.

¶ Il tâchera de le faire dans le monde. Et parmi les occupations que sa conscience le portera à faire.

Car le temps n'est pas encore venu où les hommes peuvent se répartir en des abbayes propres au développement intégral de toutes les formes d'âmes.

¶ Mais du moins que chacun en son cœur sache s'en créer une propre.

¶ Et qu'il réalise ses aspirations personnelles dans un individualisme raisonnable.

Chercher à se cultiver et à se grandir soi-même me paraît être tout le contraire de l'égoïsme à bien examiner les choses.

Car une pareille concentration religieuse et muette sur soi-même comporte déjà un vif respect d'autrui. Ce n'est pas, je trouve, ce grand désir de charité qui ne veut pas chercher à imposer ses manières et ne voudrait nullement amener à ses idées propres si ce devait être par quelque contrainte.

Puis, il me semble que le besoin que doit ressentir le travailleur de se confiner dans sa propre compagnie est surtout fait d'une antipathie pour les choses sensibles et d'un désir de rester ignoré. Il veut que son existence soit inaperçue car il sent son imperfection : ce n'est que modestie qui le pousse. Et voilà qu'il produit et qu'il se donne, lui, tout entier, à un grand autrui anonyme. L'impulsion qu'il suit est donc de ne rien prendre et de tout donner.

Je crois que ce genre d'homme ne peut vraiment être tenu pour nuisible à la société. S'ils ont des étrangetés, il ne faut pas leur en faire un grief, mais songer à regarder le fond de leurs actes.

Du seul point de vue, très bas, utilitaire et humain, je pense ainsi pouvoir affirmer que l'on peut être d'autant plus parfait que l'on parlera moins.

Lorsque je proclame toutes ces choses, il faut bien que l'on sente que je n'ai nulle intention d'inciter à l'égoïsme.

Au contraire. Je dis : Si vous savez qu'il y a plus de profit pour la vérité à ce que vous soumettiez votre esprit à tel autre, ou à telle occupation matérielle, alors faites-le.

Ce qu'il faut avoir dans l'intention de faire, ce n'est point de grandir son âme, mais de grandir l'AME.

Seulement je sais aussi que le moyen le plus efficace est justement, dans votre catégorie, Messieurs, d'hommes réfléchis, de travailler au bien de votre âme propre. Si l'on veut contribuer au bien de tous.

Parce que vos actions seront d'autant plus grandes que vous serez grands. Et votre exemple d'autant plus utile. Et l'efficacité de votre foi.

C'est seulement à cause de cette croyance en une union, une réversibilité, entre les âmes, que je parle ainsi de l'isolement. Autrement, je prononcerais qu'il est mieux de se mêler aux humbles.

Mais je crois en la prière, je crois en le labeur de ceux qui sont seuls. Et écartés de la corruption.

Il y a égoïsme théorique dans la vie de l'homme qui se retire en lui-même. Car il se replie sur la personnalité et néglige celle des autres.

Mais en réalité, il y a dans sa vie altruisme final aussi parfait que possible. Travailler pour soi seul est mal. Travailler pour sa famille est bien. Travailler pour sa patrie est mieux. Cela n'est en rien surnaturel. Travailler pour l'homme, pour le grand tout vague, conçu par la pensée du sujet comme se rapprochant de l'universel et du divin, cela est véritablement grand.

Or, celui qui va avec les hommes et qui paraît altruiste peut souvent être profondément égoïste. Car c'est pour prendre à eux quelque chose qu'il agit peut-être.

Au contraire, celui qui se retire dans un antre afin de se prendre mieux pour se donner plus entièrement à l'objectif idéal de l'homme en général, celui-là, je crois, est vraiment altruiste. Et c'est solitaire que l'on peut comprendre le devoir de charité vraie.

Je voudrais aux hommes pouvoir faire comprendre ces choses, qui vont échanger entre eux des mots et des mots.

§ XXXVI

Plein continuellement de l'esprit, le chercheur devra, toutefois, il me semble, s'exercer à se déprendre de tout esprit d'exaltation.

¶ On doit toujours s'appliquer à regarder toutes choses sous un jour positif. Afin d'éviter de choir dans une fausse béatitude nuageuse. Car il faut s'appliquer à comprendre les faits avec l'intellect pénétré de spiritualité. Il ne faudrait pas prétendre découvrir une spiritualité désordonnée sous tous les faits.

¶ Puis les idées élevées sont le propre de l'être intime. Il est heureux de les exposer une fois dans un écrit qui dure. Où ceux qui en ont le désir iront puiser des indications.

Ce serait les profaner que de les vouloir transmettre dans la vie sociale qui est toujours, hélas! pleine de mal.

¶ Il faut aussi que l'on soit muet.

¶ Toutes les paroles que l'on prononce, et qui ne sont pas nécessaires, sont mauvaises.

L'homme est là pour prier et adorer dans lui.

Et non pour dire des mots.

¶ Ce qui doit être dit est ce que la raison veut que l'on dise. Et alors il ne faut pas parler mais écrire.

¶ Et il ne faut pas écrire ce qui n'est pas indispensable.

§ XXXVII

Le chercheur encore ne doit pas exprimer toutes les choses qu'il pense. Parmi les sérieuses.

L'homme est d'une très grande faiblesse. Or il n'est pas universellement inspiré de l'esprit. Mais l'âme introduit dans son savoir des éléments d'erreur.

¶ Celui qui écrit toutes les idées qui sont en lui a chance d'écrire plusieurs choses fausses.

¶ Il ne doit pas faire cela. Il faut que soit exposé seulement ce dont l'on peut avoir lieu d'être presque sûr.

¶ Parce que l'on peut avoir acquis une autorité à cause de plusieurs choses que l'on fait. Et pour les affaires fausses, elles seront adoptées pour autrui, avec les autres à cause de l'autorité.

De cela le travailleur n'est pas coupable. Parce qu'il a dit ce que dans sa conscience il croyait.

Mais il est cependant la cause de l'épanchement de l'erreur.

¶ Et il doit en limiter les chances. A cause du seul amour qu'il doit avoir que la vérité soit connue.

¶ Il est aussi l'utilité de ne point perdre de temps. Qui m'apparait même si grande que, un temps, je pensai qu'il serait préférable que l'œuvre ne soit point publiée du vivant de son auteur.

En effet, l'apparition de chaque idée déchaîne des actions qui ont une répercussion déplorable sur les sentiments de celui qui les émet. Si elles rencontrent l'indifférence, il est désolé. Si elles provoquent l'admiration, il se glorifie. Et amoindri son goût au travail à venir par la suffisance qu'il ressent de celui qui est passé. Si elles font naître une vive opposition, il peut, ou se sentir vaincu. Ce qui le diminue. Ou se cabrer. Et se perdre dans d'amères discussions. En bloc tous ces inconvénients seraient supprimés par une publication posthume.

Diverses considérations m'ont déterminé à croire, malgré cela, qu'il ne fallait pas remettre à nos neveux le soin de faire voir le jour à ce qui est né de nous.

C'est d'abord l'incertitude où l'on se trouve de ce qui aura lieu après soi. Et de la piété avec laquelle seront exécutés les désirs.

C'est encore la crainte même des bouleversements et accidents physiques ou sociaux qui peuvent, d'un jour à l'autre, modifier la nature existante. Et étouffer avant terme le fils que l'on diffère de produire.

Mais davantage, ce sont les raisons morales, elles-mêmes.

Il est opportun que l'âme productrice connaisse l'effet qu'engendre sur les autres esprits l'expression de sa nature propre. Les réactions que produira sur elle cette connaissance sont bien propres à contribuer à sa grandeur, et à son perfectionnement.

Soit qu'elle voie avoir fait fausse route. Et répare son erreur.

Soit que des réflexions approbatives qu'elle écoute se formuler sur elle-même, naissent chez elle des éclaircissements féconds qui agrandissent encore ses vues.

Le tout, est qu'elle possède la force morale nécessaire pour n'acquérir ni orgueil, ni colère, de ce qui est dit à son occasion.

Qu'elle considère sa personne comme étrangère à son opinion avec impartialité.

Qu'elle accueille toutes les critiques avec un mélange équilibré de bienveillance et de dédain.

¶ Celui qui étudie doit délaisser tout esprit de petitesse.

Il doit accorder à toutes choses un regard ample et indulgent.

¶ Et dans sa vie elle-même, qu'il soit soumis avec largeur aux indications générales que lui donne sa conscience de considération du labeur auquel il se dévoue.

¶ Il faut que l'on cherche à être grand.

Si l'on sait dans le fond qu'on ne l'est et qu'il est impossible de le devenir, du moins faut-il utiliser ce que la raison montre comme pouvant faire paraître tel, et faire semblant de l'être.

¶ Cela ne vient pas de ce qu'il faut chercher à être prisé des hommes. Au contraire je pense que l'ambition personnelle est digne de mépris.

¶ Mais chacun ayant une foi et prétendant agir selon ses croyances, se trouve par soi-même, représenter comme un tableau vivant, ses opinions.

Il risque de faire juger celles-ci d'après lui.

¶ Donc, que celui qui aime ses croyances doit essayer de vivre de son mieux en être supérieur. Afin de témoigner par lui-même de leur valeur.

Toujours il sera considéré par les hommes comme un exemple de leur application.

¶ A la certitude du devoir indiqué par la nature, un péril s'adjoint.

Il peut, en effet, sembler délicat dans des cas nombreux de délimiter la vocation. Enfin quand celle-ci tend à faire chercher une profession supérieure, il convient aussi à se demander si elle est suffisamment puissante pour que celui qui s'y croit soumis la pratique avec honneur.

¶ Seule la conscience et ce qui paraîtra des indications providentielles peuvent, en ceci, guider les individus.

¶ Et dans chaque circonstance de la vie, ainsi se posent des problèmes constants d'avenir. Et toujours il faut y répondre ainsi.

¶ Il ne faut pas se souvenir des actes passés.

Ils sont irrémédiables : une attention à eux accordés est dépense stérile.

¶ Il faut songer peu à l'avenir.

Les projets édifiés par les hommes n'ont pas d'influence sur leur destin.

¶ Toute attention doit être accordée au présent.

Il est constitutif de notre être et se trouve seule réalité.

¶ Et il faut faire que le présent soit toujours grand et pur. En remettant l'heure de faiblesse à l'avenir. Et alors à cause de la grâce de Dieu, on ne peut jamais trop faiblir.

¶ Et le travail que l'on accomplit est bon.

§ XXXVIII

¶ La vie normale d'un être humain est dictée par la connaissance de Dieu, le savoir de soi-même, la science des objets extérieurs.

¶ La connaissance de Dieu, c'est-à-dire de l'absolu, est donnée par la conscience.

La conscience est un lien avec le vrai constant qui sait à chaque moment discriminer le bien.

¶ La connaissance de soi, de son âme, est l'estime aussi juste que possible que l'on en a.

Si l'on veut : c'est la dignité.

¶ La dignité n'est pas l'orgueil.

L'orgueil est un mal. Donc une erreur.

Car les qualités que l'on peut avoir innées, ce n'est point à soi qu'elles sont dues. Elles ne peuvent donner qu'une humble reconnaissance envers la Nature. La vanité ne serait logique que causée par des qualités péniblement acquises. Or ces qualités mêmes l'excluent.

Il n'est permis de s'enorgueilir que de ne plus avoir d'orgueil.

La dignité est distinguée de l'orgueil de la manière suivante :

L'orgueil est ce qui empêche un maître de donner la main à des hommes qu'il rétribue.

La dignité est ce qui l'empêche de donner un baiser à une femme qui s'est vendue.

⁋ C'est par amour-propre qu'on recherche la réputation d'homme de bien.

C'est par dignité que l'on s'efforce de ne point faire le mal.

⁋ Aimer à donner des ordres est dicté par la vanité.

Tenir à accomplir les ordres reçus est dû à la dignité.

⁋ L'orgueil se rapporte à l'apparence. La dignité à l'essence.

⁋ Or la conscience des objets extérieurs est infiniment différente.

⁋ Jusqu'à présent j'ai parlé un peu de l'univers entier, dans les rapports d'esprit qui unissent tous ses habitants.

Mais je n'ai encore aucune connaissance objective de cet esprit des âmes et de Dieu. Et j'ignore tout de la matière.

⁋ Voilà pourquoi il convient aussi à présent que l'on se mette avec énergie à l'étude. Puisque la science plus grande agrandira la sagesse.

§ XXXIX

La vie normale sage s'effectuera à la fois dans le plan physique, animique et spirituel.

⁋ Et il aura une phase centrifuge et une phase centripète.

⁋ Cette-ci faut-il parce que l'être intime a besoin de recevoir nourriture, Et il y aura la nourriture du corps.

Qui est l'étude des choses de matières, accomplies avec des actes.

⁋ Et sera nourriture à l'âme qui attache le corps à l'esprit.

Dans un dogme de vérité enchaînant les choses visibles et les choses invisibles et tout ce qui est.

¶ Et l'esprit sera nourri.

En faisant en sorte que le corps et l'âme se détachent. Afin qu'il paraisse.

¶ Après pourra le travailleur vivre dans le sens opposé qui est d'aller de lui à l'extérieur. Comme est l'évolution à l'involution.

¶ Et ce sera l'esprit, intégré par l'effort que j'ai dit qui commandera le sens du mouvement.

Par l'inspiration charitable.

¶ Et l'âme agira dans cette direction.

En accomplissant des actes variés conformes à l'instigation spirituelle. Et le corps connaîtra sa soumission.

En accomplissant dans le monde des actes rituels dont le symbolisme exprime l'esprit dans la matière.

§ XL

Ainsi me fais-je une idée que l'usage que l'on fait de l'existence est souvent contraire aux vues de Dieu.

Je me rends bien compte en ce qui me concerne, que je me trouve si profondément ancré au sein de ma matière corporelle que je suis toujours porté à considérer comme quelque chose de complet. Ce qui me conduit à l'égocentrisme. Tout ce qui me provient du monde m'est acquis par l'usage de mes sens coordonnés. Et j'ai tant de mal déjà à me reconnaître au milieu des déluges des sensations dont je suis tout entier formé, que j'arrive mal, en outre, à faire abstraction de ces réalités tangibles pour me représenter le monde sous un jour objectif.

Cependant il est très certain que les conceptions particulières qui sont les succédanées de nos sensations n'ont qu'une mince valeur. Et que sous peine de graves erreurs, il faut, avant de commencer tout travail, arriver à bien se séparer des suggestions directes de la matière.

Aussi, Messieurs, je me permets de vous prier de bien vouloir examiner attentivement ces choses.

¶ Pour moi, je fais les efforts que je puis. Mais je suis si peu instruit et tellement dépourvu d'unité psychique que je ne puis arriver à grand résultat.

Il n'en est pas de même pour vous qui, connaissant avec profondeur les phénomènes de la nature, êtes expressément à même de faire progresser le savoir. Je parle donc à vous en vous implorant d'examiner si je me trompe, et de voir s'il ne serait pas bon de faire selon ce que je propose.

Car si l'on se borne à examiner les faits physiques crûment, l'on risque, j'en suis sûr, de choir dans des actes monstrueusement inesthétiques.

Je dis qu'il serait contraire aux lois universelles, si l'on appliquait son savoir, d'essence infinie, à la culture de son corps.

On arriverait d'autre part à appliquer ses efforts à des créations industrielles qui sont des applications déraisonnables du savoir.

Car c'est seulement lorsqu'on a pénétré la cause que l'on a le droit d'agir dans son domaine. Tous les actes de productions matérielles « scientifiques » sont actuellement prématurés.

C'est à eux que se doivent les dissensions qui règnent dans les sociétés. Et les laideurs morales et esthétiques qui troublent les esprits sincères.

Actuellement ce que l'on doit faire, ne le sent-on donc pas, c'est penser, et se taire.

¶ Oui, je le disais, je me laisse aveugler par le brutal fait subjectif de mes sensations. Et, fort de ce que je puis ramener un fait extérieur à une cause que mes sens ont connue, je m'abandonne à ce doux mirage que j'ai ainsi compris le fait visé.

Mais vous, Messieurs, vous savez bien qu'il n'en est rien.

Et si je parviens à m'abstraire de moi-même et que je cherche la cause, la vraie Cause de ce qui m'entoure. Du plus humble phénomène de cet ensemble effroyablement grand et admirablement ordonné. Alors, je trouve que je ne connais rien.

Il faut donc agir en conformité avec cette nescience. Et ne pas sembler croire que l'on connaît quelque chose au monde.

Il faut adorer l'élément qui a permis que notre propre esprit soit et pense. Il ne faut pas feindre que les hommes soient Dieux.

Il y a une dignité morale infinie à rechercher peu à peu les effets les plus généraux possibles pour quoi est dirigée la nature. Et on doit aussi chercher, je crois, dans le domaine pratique à réaliser les inventions qui peuvent permettre à la science, par la suite, de progresser.

Mais si l'on s'attache à chercher pour eux-mêmes des progrès matériels, je crois cette fois que l'on procède à contre-sens. Aucune dignité morale n'existe dans ces recherches modernes sur les ciments armés, sur le graissage des automobiles ou le plus parfait montage de poste de T.S.F. Et je rappellerai ici combien elles aboutissent à des fautes esthétiques capitales.

¶ Or ceci provient toujours de la même conviction illusoire que l'on finit par acquérir que l'homme est maître de la matière.

¶ Certes c'est un mérite qu'il y a de savoir transformer des objets bruts en machines parfois admirables. Mais cela ne reste pas moins vrai que rien n'est créé par lui, mais simplement adapté.

Et l'on se rend compte de ce qu'a d'inquiétant cette notion : que l'homme peut *adapter* la nature à ses buts particuliers, égoïstes.

Je me demande si un cultivateur en récoltant ses céréales peut, de bonne foi, se figurer un instant qu'il a quelque droit de paternité sur elles. Et que vraiment cette terre qui les produit avec prodigalité, lui appartient.

Je crois qu'il doit songer, au contraire, à quel point c'est lui qui appartient à la terre puisque c'est elle qui l'engendre et lui accorde la subsistance.

Le fait de posséder, en soi, est donc souverainement contraire à la sagesse mentale puisque c'est du moins une erreur.

Aussi, le véritable philosophe doit-il renoncer à toutes choses de ce monde. Il devrait, pour agir logiquement, faire don de tous ses biens à autrui et vivre de la charité du prochain. Car cette manière est la seule qui manifeste l'humilité de la condition humaine et les devoirs de solidarité qui sont les vraies réalités.

Il se peut, cependant, dans certains cas, que l'on ait des raisons pour ne pas agir ainsi. Si l'on estime qu'il est de l'intérêt général que l'on dispose de biens matériels soi-même pour en user dans un but défini et conforme à l'harmonie.

Mais, il faudra alors avoir bien « réalisé » au fond de soi-même que le terme de « propriété » est purement verbal et destiné à satisfaire aux formalités extérieures. Et que l'on ait toujours dans l'esprit l'idée que l'on est dépositaire et gérant de certaines choses mais que l'on ne les possède en aucune façon.

¶ Lorsque l'on a beaucoup persévéré et pendant plusieurs ou beaucoup d'années dans la voie du retranchement en soi, un jour arrive où l'on est persuadé définitivement que le corps, et l'ego, sont distincts.

Il faut, avant, passer par bien des moments très durs. Assailli à tout instant par le cortège inlassable des sensations, il faut avoir le courage de réitérer des efforts considérables pour s'en abstraire. Mais après on possède la connaissance absolue.

Ce que je dis n'est pas simplement d'un homme, cela est vrai pour tous ceux qui consentent humblement à se renoncer.

Alors, lorsque vous mangerez, que vous parlerez aux hommes et que vous marcherez, vous sentirez constamment que celui-là qui parle, mange et se déplace n'est pas vous.

Vous, vous sentirez que vous êtes sans physisme. Vous communiquerez, mal encore, mais directement avec le substrat spirituel de toute la nature.

Vous regarderez votre corps comme objet et à l'égal des bêtes et des rochers dont vous serez entourés. Et vous sentirez avec une douceur infinie que vous vous rapprochez du juste, du droit, du normal.

Car votre corps n'aura plus de pouvoir sur vous. Il sera votre serviteur et serviteur toujours docile. Vous le considérerez comme un des produits de la nature, mais qui vous a été spécialement attribué pour que vous le guidiez.

Et, en effet, vous le ferez agir selon qu'il vous paraîtra juste. Vous aurez constamment la raison pour guide. Et la conscience que vous devez le faire obéir pour son bien même; comme un bon maître cherche à rendre obéissant son esclave. Et en le faisant vous sentirez agir selon la loi. Car la loi est que la matière soit soumise à l'esprit. Et vous pénétrerez à nouveau dans le règne de Dieu.

Il faudra toujours fuir ce qui est inutile. Et continuer à adorer et à être reconnaissant à Dieu; car c'est la grâce qui permet que l'on s'élève.

Et vous serez bons. Et le bien seul pourra sortir de vos mains, car seul, il pourra être conçu par votre esprit.

Vous devez ne plus être aucunement soumis aux événements extérieurs. Les souffrances physiques doivent être abolies en vous, et les morales acceptées comme la loi dont vous êtes partie.

Et vous agirez sur toute la nature aussi comme sur votre corps, dès que le bien sera en jeu. Et vous connaîtrez ce qui est inconnu. Et les choses agiront selon votre pensée sans intermédiaire. Car, étant purs, votre pensée ne sera point autre que les désirs de Dieu.

Il faut que beaucoup de désirs d'humilité accompagnent le labeur.

¶ Et le labeur doit être humble parce que l'homme est bas. Et il est anormal de n'être pas humble.

¶ C'est un des grands sujets de douleur de cette situation atroce où nous vivons, que connaître notre impuissance.

¶ Les qualités de l'âme, tant que l'on vit, est précaire. De même qu'un jardin doit être cultivé pour donner des fleurs parfumées. Ainsi qui veut fleurer une odeur de vertu ne doit jamais cesser de soigner son désintéressement.

¶ Le malheur est ce qui laboure le terrain. L'abandon laisse étouffer le bon grain par l'ivraie. Le renoncement total est ce qui convient.

¶ Aussi il ne faut n'être attaché à aucune chose de ce monde.

Où il est seulement illusion.

Chagrin.

Néant.

¶ L'on doit être totàlement fondu en volonté avec Dieu même.

¶ Il faut que soit disparition de l'Ego.

¶ Lorsque le devoir est de faire un choix entre deux voies dans le détail de la vie. Il faut l'étudier en considérant Autrui et Ego de façon absolument indifférente.

Et en se plaçant en regard des utilités générales du monde. Non de soi.

§ XLI

Il y a lieu de ressentir pour l'argent une haine mortelle. L'argent est le vif symbole de la chute humaine. S'attacher à lui et à toutes les choses du monde est aller à rebours du Sens.

¶ Une grande détestation doit être ressentie pour l'âme de la tourbe. Parce qu'elle est attachée aux choses vénales. Parce qu'elle ne peut comprendre les sentiments désintéressés. Or, on ressent grande pitié pour les hommes, parce que ce qui leur manque est la lumière intérieure.

¶ Mais si l'on veut leur enseigner la véritable voie, ce n'est point de se mettre sur leur terrain à eux pour les combattre. Sur ce terrain ils seront les plus forts. Ce n'est point de discuter par des arguments pratiques.

¶ Il faut suivre l'esprit. Il faut se renfermer en soi-même et se taire.

C'est par des actes et point par des paroles que le sage devra chercher à accomplir l'amélioration d'autrui.

L'exemple d'une vie droite et désintéressée est un fait.

Il convainc davantage la foule que les exhortations belles. Et cette vie a, je crois, pouvoir bénéficiant, par la droiture.

¶ Messieurs, si vous avez des biens terrestres, et si vous connaissez en vous la vérité des idées semblables à celles que j'expose, il convient que vous jetiez au loin l'attache odieuse que le pécune constitue. Il faut de la bonté d'autrui. Alors, le fardeau de la reconnaissance vient comme un allégement infini. Et l'on peut réaliser dans l'apparence ce qui était en fait dans tout le temps, que la personne est abandonnée entièrement à la Providence de Dieu.

¶ Et je dis que ce renoncement est un acte plus utile que les plus belles œuvres d'assistance sociale. Car au lieu d'être une lutte matérielle contre la matérialisation des hommes. Il est l'effectuation par l'esprit de la vie absolue de spiritualité dans un homme. Et de l'homme qui agit par amour pour tous les hommes et les associe tous à son acte.

¶ Il ne s'agit pas de songer à ce dont l'on vivra. Car le bien-être intérieur était une sécurité entièrement fausse. Et méconnaissance philosophique des réalités du monde.

Ainsi comme Dieu a laissé supporter l'écrasement de la vie, ainsi de même il continuera à pourvoir.

¶ Le travail intérieur et impersonnel, la contemplation et l'acquisition de sagesse, de savoir et de science, en dehors de l'action. Ces actes sont ceux auxquels doit chercher à se consacrer chacun dont la conscience est réelle de la dignité admirable et de l'immense humilité de sa nature.

Il s'impose à mon esprit que ce monde est un instant d'un tout capitalement plus complet. Je sens mon âme lassée qui appelle un ailleurs.

Et je sens la vie qui nous pousse à un au-delà.

Je crois que je puis affirmer autoritairement : ce temps n'est rien. Il est préparation. Il compte. Mais il compte par ce que l'on fait d'indépendant de lui.

Messieurs, fermement je me permets de le dire. Il faut négliger ce qui est de cette vie. Que l'on poursuivra le but. Que l'on songe à lui sans cesse et que l'on subisse le reste avec indifférence.

§ XLII

Ce qu'il faut est procéder à une absorption de la Nature universelle en soi.

¶ Le monde des choses visibles faites par Dieu constitue la nourriture terrestre de l'homme.

¶ L'homme doit acquérir une grande force spirituelle.

¶ Et il faut qu'il s'efforce pour l'acquérir.

Et les autres forces ne comptent pas.

¶ Il faut que sa vie soit comme une prière.

Et une prière de confiance.

¶ Il faut que toutes ses pensées soient serties d'amour et de pitié.

¶ La voie qu'il doit suivre n'est pas excessive.

Mais médiane.

¶ Son opinion doit se manifester comme un fait. Un fait convaincant. Et il ne faut pas qu'elle essaye de peser sur les pensées des autres hommes.

¶ Il doit se retirer dans la solitude habituelle.

Mais une solitude équilibrée.

¶ Il ne faut pas adopter une vision dogmatique trop lâche.

Et doit être ainsi retranché le sectarisme.

¶ On doit avoir soin de ne pas se laisser prendre à la matérialité des rites. Peut-être ne faut-il pas non plus tendre à présent à l'anéantissement absolu dans l'esprit.

¶ Il faut avoir attention de ne jamais attacher rigueur à aucune chose. Mais il importe encore de rejeter ce qui est vague.

¶ Voici donc, je dis, comme j'ai conviction que les chercheurs doivent agir.

¶ Chacun selon sa nature fera.

Et accomplira une œuvre une et unique.

Se mettra solitaire et dans lui-même au labeur parce qu'il est seul.

Et tout seul avec altruisme et modestie et douceur il cherchera de son mieux.

¶ Dans l'attente de la mort.

Chapitre IV

De l'exécution du labeur

Es licenciado de la Universitad liberrima de la vida
vivida; ha hecho sus estudios directos y precisos en medio
de la lucha misma como espectator y como actor.
S. Perez TRIANA : *Introduction « la Grande
illusion » D-W. Angell;* version castillane.

Je me suis rendu compte peu à peu de ce que fut
jusqu'à présent toute grande philosophie : la confes-
sion de son auteur, une sorte de mémoires involontaires
et insensibles.
NIETSCHE : *Par delà le bien et le mal.*
(Traduction : Henri Albert).

Connaissant ainsi les faits qui sont à la base de doc-
trines, le lecteur pourra apprécier lui-même la valeur des
conclusions qui en découlent et corriger, s'il l'estime
nécessaire, les affirmations de l'auteur, jugées trop
absolues.
A. BERTHOUD : *Les Nouvelles Conceptions de
la matière et de l'atome.* — Avant-propos.

May each one here express the sincere result of his
investigations and at the same time try to avoid des-
tructive criticism of his brother's gains.
METAOINA, *Revue int. spiritualiste* (éditorial).

§ I

Le fait de procéder au travail intellectuel me paraît ainsi **extrêmement** légitime de la part des hommes.

La création qu'il leur fait réaliser les élève au niveau d'une spiritualité supérieure. La noblesse de leur but est assurée par elle. Et celle-ci n'est aucunement un but qu'il est présomptueux ou glorieux de vouloir atteindre. C'est au contraire la prétention justifiée et modeste de la nature humaine même.

Les bribes de connaissances que je crois avoir acquises au cours du livre II portent sur deux catégories de sensations. On peut tirer d'eux des règles de conduite de vie excellente. On peut aussi en chercher les causes et les lois plus avant que je ne l'ai fait. Mais ce n'est pas ici qu'il convient de le faire. Tout cet objet est de l'œuvre même et non de sa préface. J'en traiterai au dernier volume de mon ouvrage.

Les autres sensations seulement sont des impressions. Ce sont elles qui ont déterminé le cadre du travail. C'est par elles que je concluerai par ce livre en cherchant la meilleure manière de le remplir.

§ II

Le but du labeur pourrait être choisi logiquement par l'esprit. De même que la méthode qu'il emploiera à l'effectuer.

Il devrait, dans ce cas, évidemment adopter un objet, ou qui lui paraîtrait le plus utile, ou bien parce qu'il est le moins connu.

Cependant cettte méthode, comme on a pu le voir, n'est pas celle qu'il m'a semblé devoir adopter. J'ai effectivement déclaré en deux endroits qu'il me paraissait devoir agir en suivant simplement les indications de ma nature propre.

A cela, j'ai apporté un commentaire bref. Donnant ce motif que les conseils de la nature sont ceux de la loi, c'est-à-dire de la Providence. Et que le juste, c'est-à-dire le bien, en doit résulter.

Il pourrait être objecté à cela, à juste titre, que cette conception est fort égoïste. Elle tend à étaler un effort sans considération des besoins d'autrui.

Et qu'elle est risible et sotte. Parce qu'elle oblige l'auteur à opérer une contemplation de lui-même pour la faire partager à ses lecteurs. Et en tirer devant eux une conclusion sur sa personne.

Toutefois déjà cette position pénible où il se trouve obligé d'être situé à ce moment est chose bien désagréable. Aussi, est-ce un sacrifice d'amour-propre qu'il effectuera en s'y plaçant. Et pour cela, je pense, un peu d'indulgence pourra lui être acquise de la part des lecteurs.

Aussi bien il y a un motif selon moi très puissant conduisant à adopter ce mode d'agir.

J'ai exprimé combien je tenterai d'efforts pour me conduire en auteur objectif. Afin que je me garde de me présenter comme un homme plaintif de ses douleurs toutes particulières. Mais pourtant, quoiqu'il se puisse faire, il restera vrai que tout travail entrepris par un homme reflètera son caractère et sa vie. Donc il me paraît quelque peu antiscientifique de ne pas tenir compte de ce déterminisme.

Un intellect est un effet de la création. Sa forme pourra être revendiquée par la science pour en rechercher les causes : quoi est mieux? la céler ou la détailler normalement? Je suis un petit fait. Très petit. Mais je suis fait, et l'approbation de mon âme s'ajoute à celles d'êtres plus saillants pour corroborer la vanité de sa négation.

Ceci défini, je pense à nouveau qu'il est très préférable que nous nous exposions, Messieurs, dans notre nudité. Que nous offrions notre âme aux dissecteurs... Et qu'il serait pitoyable davantage que, dissimulant notre émotion sous un titre burlesque, nous obligions une critique sinueuse à venir la chercher par derrière.

§ III

Je compte ainsi me justifier ici d'avoir établi ce livre sous cette forme. Maintenant que cela est dit, il convient de revenir à la dissimulation. Car l'on doit se donner dans l'ensemble.
Et se cacher dans les détails.

J'ai nommé cela stoïque, ce se trouve être dans les deux points l'acte inverse à celui qui satisferait l'ambition de sa personnalité.

J'ai offert tout à l'heure le plan bien tranché de mon travail à venir.

Les personnes qui s'intéresseront à leurs objets respectifs pourront lire les volumes traitant les sujets en relation avec leurs propres recherches.

Car je pense qu'il eût été passablement odieux d'obliger au contraire la lecture d'une totalité inclassée à qui cherche simplement des parties spéciales. Et du moins si une postérité curieuse avait à considérer le produit sincère d'une parcelle réduite et cependant entière de l'intelligence universelle, il lui serait suffisant de parcourir le tout de cette œuvre.

Je me suis de la sorte efforcé de réintégrer consciencieusement le labeur de mon individualité dans son cadre restreint particulier. Et de me faire le reflet exact d'un fonctionnement de travail humain; en conformité avec la nature. Avec la faiblesse avouée de ma pensée, digne d'une humiliation insigne.

§ IV

Mais est-ce à dire que tout être humain qui veut être franc, devra prendre considération de tout ce qu'il discerne en lui, en vue d'établir sur l'ensemble de ces données les limites de son travail? Certes ce n'est point l'opinion que je veux soutenir.

Suivant les conclusions auxquelles j'ai été conduit précédemment, la nature humaine est de nature duelle. En elle un élément étrange, le corps, et tout un complexus physio-psychologique est subordonné à son individualité consciente. Elle lui est si unie cependant et se mélange à elle à tel point que, par instant, elle ne songe point à s'en séparer et se fait une avec eux-mêmes.

Or, et malgré cela, il reste évident toujours à toute âme consciente que c'est elle qui, spirituellement inspirée, est initiatrice de labeur et constitue l'essence créatrice.

En conséquence, il faut comprendre que la logique impose à ce qui vient de l'âme seule de participer à l'activité créatrice; aussi tous les éléments étrangers à la conscience et qui sont le fait de l'association provisoire de la matière à l'esprit, seraient en opposition complète avec

la nature des choses, s'ils intervenaient dans la création comme sujets.
L'esprit seul a reçu le pouvoir de conception. C'est la nature qui oblige
que par lui l'âme seule crée.

C'est pourquoi il m'apparaît très inadmissible que les turpitudes engen-
drées par la vie physiologique des hommes pénètre l'âme de leur œuvre.
Il est très légitime qu'ils les étudient objectivement. Car elles font partie
des constituants physiques et moraux de l'univers et il est besoin qu'elles
soient comprises. Aucun prétexte ne me laisserait croire qu'elles puissent
être examinées sinon en tant que phénomènes extérieurs à leur individualité.

§ V

De plus, non pas seulement estimé-je que doit l'homme faire seulement
passer en son travail ce qui est élevé en lui et constitue, à proprement dit,
sa personnalité pourvue d'une dignité. Je crois également qu'il est juste
à lui de rechercher à se grandir plus encore, et au besoin, qu'il fasse son
œuvre plus large et plus noble que son âme même ne l'est.

Par exemple, si son esprit est borné et le presse à limiter son labeur
à une étude étroitement spécialisée, il devra chercher à ne pas tomber
dans cette petitesse. J'ai observé que les hommes vraiment supérieurs
étaient pénétrés d'un sentiment d'équilibre qui les pousse à prendre toute
chose en considération. Les littérateurs ont une vue superficielle, parfois,
qui ne leur permet souvent point d'atteindre à des croyances logiquement
soutenables. Et maintenant une conception scientifique étroite, recherchant
en tout des rigidités mathématiques, me semble encore entachée d'erreur.
Un Platon, et les métaphysiciens de toujours ont su considérer l'illusion
à la manière véritablement positive. Oui, moyennant un éclectisme raisonné,
l'on se rend capable d'acquérir une conscience réelle de tout le monde
entier en soi-même.

Je pense que chaque homme a le devoir de rechercher cette largeur
spirituelle de conceptions en rétablissant par persévérance l'équilibre que
ses imperfections tendent à lui faire perdre. Et il en est de même pour les
vertus positives.

Il est nécessaire qu'il s'efforce d'en donner l'exemple au sein de son ouvrage. Et même, s'il les possède peu, il faut qu'il se **corrige**, et se grandisse au-dessus de lui-même.

Car la nature qui commande la production n'est point sa faiblesse fortuite, mais une qualité universelle des intelligences, fixe, sublime et incontestée; dont il se doit de traduire toute l'élévation.

§ VI

Chaque espèce de travail de science en lui-même produit sur mon âme une impression définie. L'idée de physiologie me procure, quand je l'évoque, une sensation. Celle de la systématique pure une autre impression; l'histologie une troisième, la chimie une nouvelle.

Et aucune de ces méthodes ne me donne une impression agréable ou complète, mais comme imparfaite, boiteuse.

Aussi je crois que l'on peut dire que la conception des hommes qui consacreraient avec une intrasactible exclusivité leur vie à un travail soumis à l'une d'elles, n'est pas juste.

Car la soif de l'esprit consiste en un besoin de se communier avec la création dont la haute qualité la touche et d'en savoir encore ce qui lui est inconnu. Et son envie n'est aucunement de se placer vis-à-vis de la nature, dans la situation engendrée par le fait qu'un procédé d'action particulier est adopté par lui.

Il me semble que le chercheur ne doit avoir pour but simplement de l'être. Il est nécessaire qu'il se spécialise dans l'étude d'une matière. Selon que son cœur le lui dicte. Mais il doit évidemment se garder de mettre des bornes aux manières de réaliser ce travail.

Je trouve qu'il doit justement savoir utiliser tout procédé commode, en choisissant selon l'utilité de chaque moment le plus propre à effectuer sa recherche.

Aussi, il me paraît que réside cette fois en lui la grandeur et l'esprit de largeur qui sera sa valeur. Il réalisera de fait l'action normale suivant son esprit reflet de l'universel sens. Il fera que la contingence physique ne domine pas son œuvre, mais que son opération contienne l'essentiel de toute la nature matérielle.

§ VII

En résumé, le travailleur doit se former une haute idée du but qu'il se propose.

Il examinera religieusement l'allure générale de tout l'univers. Car il acquerra d'abord un savoir basilaire étendu et bien assujetti en son intelligence. Il écoutera alors le retentissement du monde dans son cœur et il discernera sous quelle forme particulière son âme entre plus particulièrement en résonnance avec les lois de la Nature.

Aussi il fera de lui-même le centre avancé de son labeur. Il s'efforcera de saisir de soi mieux comment sa nature et l'état des choses doivent le conduire à la limitation relative. Afin que son œuvre soit aussi belle selon la profondeur spirituelle possible. Et afin que lui-même rentre dans la constitution adorante des phénomènes soumis à la loi de la nature.

Puis aussitôt il rejettera justement son individualité. Il n'aura retenu de son complexe vivant que la forme de sa pensée et il s'en défera pour envisager l'objet de ses études avec indépendance. Il sera non point un être particularisé qui lutte contre d'autres pour ce qu'il croit vrai. Il sera une des formes impersonnelles de l'immortel esprit exposant ce qu'il sait de vérité en communion sentie avec tous.

Il abordera les problèmes qu'il a le désir de sonder et de quelque nature qu'ils soient. Il lui exposera en se présentant franchement comme le sujet agissant du labeur. Et il se fusionnera avec indifférence dans le résultat qu'ils lui donneront aimé pour lui-même quel qu'il soit.

§ VIII

L'étude comprise selon ce que je dis, de la nature est un acte adorable d'union avec les idées transcendantes qui la dominent.

Je dois redire que la conviction m'est acquise que ce labeur comporte en lui-même des facteurs d'élévation pour celui qui s'y livre.

Il ne faudrait pas s'enfermer exclusivement en lui. Car les délicatesses de technique qu'il impose souvent risquent encore de laisser l'esprit des travailleurs trop adhérents à la matière. Mais il oppose une puissante essence d'infini et de beau qui est pour l'âme qui comprend la forme un puissant soutien.

Je dis donc que ces connaissances imposent en retour des conditions logiques auxquelles je crois qu'un chercheur conscient doit se conformer.

Ces règles d'existence sont enseignées à la fois par la conscience qui les fait connaître directement à l'étudiant de bonne volonté. Et à la fois par la raison qui montre bien que si l'on veut pénétrer le domaine de l'élévation, l'on ne doit pas se présenter avec un cœur abaissé.

Chaque travailleur doit donc se faire une règle ascétique qu'il appropriera à sa nature. Connaissant les besoins particuliers de son caractère, pour qu'il atteigne son plein développement.

Je crois d'ailleurs que, tous les hommes se ressemblant, il existe en outre un certain nombre de lois générales auxquelles tous devraient se conformer.

Ces lois sont physiques ou morales, négatives ou positives.

§ IX

Je présume que les premières, physiques et négatives, sont tout au moins les suivantes :

Que l'on soit sobre.

Car se nourrir au delà du strict nécessaire nuit à l'activité spirituelle et porte à la sensualité.

Que l'on soit chaste.

Car les satisfactions accordées à la chair ne s'assouvissent pas, mais au contraire y asservissent et amoindrissent l'âme à jamais.

Que l'on soit solitaire.

Car la compagnie des autres hommes est affaiblissante.

Que l'on ne s'attache à aucun des biens de la terre.

Car on n'en retire que des embarras méprisables.

§ X

Les autres règles sont les positives et purement spirituelles que j'énoncerai de la sorte :

Que l'on soit humble.

Parce que rapporter son mérite ailleurs qu'à Dieu ou **aux hommes** de l'entourage est contraire à la vérité.

Que l'on soit plein de l'esprit de charité.

Parce que ceux qui ne seraient pas dominés par le désir constant de déverser le bien autour d'eux n'auraient perdu l'égo-centrisme à honnir. Et que s'ils sont hauts ils comprennent que l'homme est une créature à aimer non comme homme, mais comme créature de Dieu, la plus pitoyable de la nature.

Que l'on soit prêt et soumis à tous les événements.

Car quiconque est impatient devant eux possède donc encore une volonté personnelle. Or, il doit être entièrement fondu en Dieu et en ses desseins incompréhensibles, s'il veut se communier à lui en en recevant la manne bien-aimée du savoir.

Que l'on soit enfin spirituel. Cela veut dire qu'il faut s'imbiber avec des idées transcendantes et prier l'Esprit pour qu'il accompagne.

§ XI

Parce que ceci est le complément et la base de tout le reste qui s'y résume et s'y unit. Il n'est pas bon de cristalliser ses pensées autour d'une formule étroite établie *a priori*. Mais il est nécessaire de donner à son esprit une tournure philosophique d'ensemble à laquelle il réfère ses observations. Afin de ne pas choir dans l'erreur de la matière et dans l'orgueil et l'égoïsme. Et il est nécessaire de remonter au principe bienfaisant et de lui adresser l'acte de foi renouvelé qui soutient, et l'inspiration qui vivifie.

Le travailleur doit parvenir à oublier entièrement l'illusion dans laquelle les sens l'ont élevé, à savoir qu'il a une existence en soi. Il séparera alors entièrement dans le fond de sa conscience la force qui anime et l'individualité du corps, brut. Il sortira de l'erreur et il sentira l'individu devenir passif dans la mesure de ses possibilités physiques. Il le sentira devenir étranger à ce qui est sa valeur foncière et comme par une lumière soudaine, comprendra enfin que ce corps ne le touche point davantage que celui d'autrui. Car l'erreur de réalité de l'individualité, je l'ai montré, et la seule, celle qui fait toutes les autres. Et l'expérience le prouvera à celui qui, l'ayant quitté, jouira d'une lumière inaltérable.

§ XII

Pour le chercheur qui sera parvenu à pénétrer son âme de cet esprit, après s'y être efforcé avec une longue persévérance, il n'existe plus la possibilité de regarder certains détails de la création sans les classer d'un regard rapide parmi l'ensemble majestueux avec lequel ils sont en rapport nécessaire.

Une sorte d'ampleur philosophique est donc nécessaire à l'homme qui coordonne son but, ses pensées, ses actes. Le travail qu'il exécutera devra être particulier en même temps que général.

Les objets qu'il embrasse séparément ou contigüement seront de toutes espèces. Et il est nécessaire que les catégories d'actes laborants soient unis et hiérarchisés en son esprit.

Je dois ici me permettre de faire quelques remarques sur diverses sortes d'objets des études.

L'objet de la science est constamment de classer, de mettre en ordre des idées liées aux faits. Je parlerai sur cela au sixième chapitre qui suit. Or il peut être fait une distinction entre deux parties des systèmes de notions que la science doit donner. L'une est celle qui renferme les déductions directes, donne l'acquisition de lois particulières. L'autre recherche les vérités transcendantes et constitue la métaphysique.

Cette dernière étendue de cogitations donne lieu à des découvertes variées et subtiles, mais délicates à discuter. Son seul procédé de progression est le pur raisonnement. La métaphysique doit être le but dernier des efforts du savant, mais il importe de s'y aventurer circonspectement et avec modération. Car ce qu'il faut posséder, si l'on désire un édifice élevé construire, est une base fortement assise.

Celle-ci est ce qu'acquiert la science proprement dite. Et à son sujet il y a lieu de s'étendre plus longuement. Parce que la spéculation n'intervient que pour l'achever, ou dans des intervalles, au cours de sa progression.

§ XIII

Le savoir a pour base, le fait. Constater des faits est le premier objectif du travailleur.

Mais ceci ne se fait point sans une dose forte de jugement et de réflexion intérieure. La seule constatation de ce qui est demande un grand discernement.

En effet, le fait seul et nu est déjà une création de l'esprit. Il n'existe point dans la nature où toutes choses sont existantes et conséquentes. Pour extraire le fait de l'ensemble de la nature, il faut donc fortement réfléchir. Il est nécessaire de limiter lesquels parmi les concomitants en nombre infini de ce fait ont et n'ont pas d'influence sur lui.

Or, il est impossible de prendre explicitement en considération tous les phénomènes, puis de discuter syllogistiquement leurs rapports. L'examen, le choix et la limitation du fait sont donc l'ouvrage de l'intelligence, en tant quelle est intuitive en grosse proportion.

Donc le travail d'étude du savant, de même comme dans ses extrêmes conséquences téléologiques, aussi bien à sa plus rustre base, est le fait de sa personnalité pensante de bout en bout. Sa conscience qui supporte le jugement qu'il formule, en fin de compte l'indication de ce qui est vérité par l'esprit, est l'unique agent de savoir.

Il convient d'adopter une façon de travailler qui réponde avec franchise à cette nature réelle du travail.

C'est-à-dire qu'elle ne devra ajouter foi qu'aux pensées basées sur d'indubitables faits. Qu'en même temps elle manifestera que tout et même le fait, est le fruit pour une part de la pensée ordonatrice de l'auteur.

§ XIV

L'esprit lui-même est le premier objet d'études qui se présente aux chercheurs. Par l'introspection, on connait bien vite ce qu'il dicte, la vertu et le désir de la beauté et de la vérité. Or cela est tout l'esprit. Chacun peut chercher à discerner le plus subtilement possible son contour, mais ce ne constitue point un champ d'observation réel.

Autrement est de la psychologie ou science de l'âme. L'âme est composée (?) d'un si grand nombre de facultés, très mobiles et intimement mêlées, qu'il est possible de faire des recherches indéfinies sur sa nature. Cependant les psychologues sont contraints de ne faire guère autre que travail spéculatif sur beaucoup de sujets. Et le travail que l'on obtient est singulièrement restreint. Quelle que soit la peine que les plus remarquables hommes aient prise, la psychologie demeure une collection de quelques définitions, égayées d'assez nombreux aphorismes délicats.

Vient ensuite, disponible à l'examen, mais indirectement par les sens, le domaine infini de la matière. En lui, il est possible de recueillir conditionnellement des faits précis.

§ XV

Je conçois que les âmes désirent ne pas se contenter de l'étude, des seules formes, dans la création. Aussi les savants qui consacrent leur vie à étudier profondément l'extérieur des êtres afin de décrire ce qui en est mal connu font œuvre éminemment méritoire. Leur utilité est incomparable; il doit leur être accordé une forte reconnaissance.

Pour moi, je ne puis dans ma mesure, chercher à les imiter complètement. J'avoue que je ne ressens point de goût pour l'examen attentif exclusif de certains détails. Je ne me sens à l'exécuter que dans des cas définis où ma curiosité aiguisée espère obtenir quelque découverte.

Aucun esprit, tout inexpérimenté qu'il soit, se plaît surtout aux réflexions plus générales et qui dépassent même le domaine des seules données scientifiques. Je sens bien que c'est là une inconséquence et je m'attache à réfréner en partie mon instinct. Et je crains pourtant de produire plus de paroles fugitives que d'apports sérieux. Et je ne puis toutefois contraindre entièrement ma nature, c'est pourquoi j'apporterai encore, avec mes excuses, des réflexions humbles devant mes lecteurs. Et quoi qu'il en soit, il me faut suivre les indications qu'elle m'impose pour définir la méthode dont je devrai faire usage.

Mais je déclare que cet état du penser est à déplorer en grande partie. Il faut que la réflexion guide en tout moment. Donc il faut que le travail final laisse transparaître comment l'a guidé la réflexion. Mais il faut que la réalité stricte, et ce qui en découle nettement soient les seules données qu'il expose.

Le travail qui est alors exécuté de la façon constitue réellement une œuvre de vérité. La pureté des faits s'expose au cours de la pureté d'une pensée. Tout est spécialité et majesté. Tout est certitude. Aucune inutile réflexion n'interrompt le cours précis d'une cogitation souveraine. L'œuvre est, en fait, exclusivement le reflet de l'auteur dans ce qui est beau en lui.

Et cela est selon l'ordre de toutes choses. La nature unie et fusionnée avec la pure idée compose une réalité bien naturelle et assimilable à toutes les âmes, qui se formule au sein de la réalité universelle par un acte esthétique en soi.

§ XVI

Je crois donc pouvoir conclure ainsi. De tous les faits considérés au cours du livre II, des lois qui en découlaient, il ressort que le travail devra être exécuté dans cette forme haute de la spéculation pure.

Subjectivement à l'auteur, il se présentera sous ce complexe de sentiments : domination en soi d'un état d'esprit, de pénétration intime, d'absence de parti pris intérieurement. Puis considération constante de la nature dans un sentiment d'unité. Enfin, expression des faits sous leur forme la plus générale, non en les forçant ou cherchant à construire des théories où entre hypothèse qui n'est pas probabilité.

La connaissance ne doit être acquise que par le résultat imposé par les faits.

En ceci, l'individu travailleur ne détient aucune part matériellement à la nature de ce qu'il èxamine. Car il est à craindre, du moins en biologie, que par des expériences il introduise, avec ceux qu'il veut mettre en présence, des facteurs ignorés de lui qui aient le résultat de troubler la marche des phénomènes observés. C'est ce que je développerai davantage au chapitre suivant.

Cependant 'je veux même au contraire ici provoquer la naissance d'une objection. La méthode que j'offre ici, n'aurait-elle pas le tort d'être absolument insuffisante. Voulant le développement du labeur scientifique dans une subordination aux lois pures de l'esthétique, ne risqué-je point d'aboutir à des résultats simplement opposés à la science. Car il semblerait que ce soit par la provocation artificielle des résultats contre nature, que l'on aboutisse à la connaissance des causes naturelles.

Je parlerai de ceci tout à l'heure afin de chercher à montrer où il me semble que le tact doit tracer la délimitation contre les actions permises et celles qui ne le paraissent point. Mais je veux pour l'instant émettre cette considération. La conception que l'on m'opposerait est une vue d'ordre pratique. Parce que l'on envisage une fin, a-t-on hâte de savoir quels sont les antécédents physiques d'un phénomène. Le savant qui n'envisage d'autre but que de chercher le savoir pour lui-même doit pouvoir, je crois, modérer la célérité de son désir de connaître justement un ordre de faits desquels est-il intrigué, s'il considère que les moyens qu'il emploierait seraient faux et incapables de lui donner une connaissance absolue de son objet.

§ XVII

Le point qui reste à pénétrer est s'il est quelque légitimité dans l'autre méthode. Pour moi, je me suis élevé à des principes plus philosophiques d'ensemble, desquels je déduis mon travail. Il est donc compréhensible que ce travail soit en tout subordonné aux vues qui lui servent de fondement. Mais l'on peut croire que si l'on partait de principes différents, on aurait le droit d'employer les procédés que les miens réprouvent et agir cependant de manière très raisonnable.

Or, la base d'un travail conçu différemment du mien est, je le disais ainsi : elle place un but devant les yeux du chercheur; une base morale. Il y a utilité, cela elle signifie, à avoir connaissance de telle chose; donc, le but ainsi proposé justifiera les procédés qui seront employés à l'atteindre. L'utilité dont il est question peut être humaine et physique. Comme le confort. Ou humaine et sociale. Ainsi qu'elle résulte de l'instruction. Soit encore humaine et individuelle. Comme celle de la médecine. Enfin même, humaine et spirituelle. Car c'est ainsi qu'elle satisfait à l'aspiration de l'âme en la nourissant de connaissances. Toutes sont humaines. Mais certaines, on le voit, sont très élevées. Donc, seront-elles légitimes, il le paraît.

A cette question je ne répondrai point.

Je trouve certes bon que l'on se préoccupe de progresser en vue de donner des commodités à notre corps. Car c'est appliquer le supérieur à l'inférieur, faire le contraire de l'acte pieux, travailler dans le sens du « nombreux », de l'esprit un à la multiple matière.

Mais cela est, cependant, aux facilités pratiques, que bien des choses supérieures ont été dues. Le savant ne pourrait tout savoir, selon un procédé purement naturel, il n'avait eu de bons moyens de transport et de commodes laboratoires.

Il est peu conforme à la logique de s'occuper de la société humaine. Elle constitue un agrégat irrationnel dans lequel les constituants se nuisent tous les uns aux autres. Selon l'esprit, il faut seulement de la société aller hors.

Mais il est peut-être juste, d'après les réflexions pratiques, de régler et de perfectionner le monde humain. Sans ces « progrès », la vie et la pensée seraient impossibles à beaucoup.

Je connais l'impuissance qui est souveraine de la médecine. Et l'on peut craindre ignorant toutes vertus des choses, que chaque remède engendre un mal en réciproque du bien qu'il porte.

Mais ce serait encore grand orgueil, ayant un moyen, peut-être, de guérir, que ne pas tenter de l'appliquer à celui que l'on voit souffrir.

Dans toutes ces choses, je ne saurais pencher à droite ou à gauche. Je ne puis dire si mieux vaut la perfection philosophique selon quoi l'abandon à Dieu est complet. Ou le but moral parce qu'une charité effective peut être exercée. Et alors que l'humanité est à un stade, je ne voudrais, si j'avais la puissance de cela, prendre la responsabilité d'exercer sur elle une action physiquement modificatrice.

§ XIX

Est-il juste dè la part de l'esprit qui recherche pour soi-même afin de savoir de rendre indistinctement, et selon chaque occasion, la voie du travail qui à lui se présentera. Cela est à présent ce dont il est de s'inquiéter.

C'est ici, or, que je répondrai avec résolution et catégoriquement, non.

Car ce n'est pas à celui qui désire la vérité en soi, qu'il peut être donné de l'acquérir par des procédés d'erreur. Qu'il renonce plutôt de suite à savoir jamais qu'elle est la *cause* des phénomènes. Il sait que cette cause lui est à jamais inaccessible. Il pourra obtenir un savoir partiel sur un *enchaînement* de causes.

Cependant, si admis est, comme fondé en droit, tout travail, lorsqu'un but pratique est envisagé, le pur savant ne pourra passer à côté des résultats scientifiques que l'occasion technique a acquis, comme s'il les ignorait. Les faits donnés aux praticiens existent, le spéculateur doit prendre une position à leur sujet.

Je crois que l'observateur pur pourra ne pas compter étroitement avec les acquisitions de la science pratique. Car l'expérience enseigne qu'elles ne sont pas absolues et que le temps possède grand pouvoir sur elles. Et il est rare que les découvertes dues au hasard d'applications ingénieuses soient importantes. Après cette restriction, j'ajoute me sembler nécessaire et, dans le fond, bon (malgré qu'attristant aussi) ; que le penseur n'hésite pas à ériger un pont entre sa science et celle du jour. Celle-ci dans la mesure où ce qu'elle affirme comporte de fortes probabilités, devra être utilisée par lui au milieu des directives supérieures de son labeur.

§ XX

D'autre part, le procédé propre d'investigations du savant lui-même, devra être très limité.

L'inspiration du labeur est fourni par l'esprit. Celui-ci raisonne *a priori* et demande des études qui se basent sur des connaissances fondées d'une irréfragable certitude et d'une intégrale précision. Or la nature des phénomènes physiques eux-mêmes, rend impossible l'obtention de ces deux qualités. Je puis développer ce point par un exemple.

L'application absolue des principes relatifs à l'étude de la végétation que j'exposerai plus bas serait que, lorsqu'on tendrait à édifier d'une façon complète le tableau du rôle tenu par une plante dans un périonte défini, il faudrait étudier conjointement les racines et le sol qu'elles affouillent, les tiges sarmenteuses et les supports auxquels elles s'attachent, les branches et la force des vents qui les secouent, le feuilles et la lumière qu'elles reçoivent et de même à la suite.

De la sorte une infinité de points de vue se trouvent réunis dans l'analyse de chaque partie individualisée d'un seul être de la société. Il est clair que dans de nombreux cas les mêmes facteurs interviendront plusieurs fois au cours de la même description. C'est le même air, par exemple, qui baigne le tronc et les feuilles d'un arbre. Une telle production serait donc une sorte de « formule développée » dont on pourrait exprimer tout le contour d'une façon bien plus simple.

C'est pourquoi je considère que la sagesse et aussi la nécessité, conduirait à ce que l'on renonce généralement à un procédé d'action si peu pratique. On fera usage de descriptions dans lesquelles le périonte étant défini une fois pour toutes, il suffira de décrire les individus qui peuvent y loger avec leur affinité propre.

Cependant, le principe n'en reste pas moins très valable, tout décidés que nous fussions à ce que, normalement, l'on convienne de faire usage d'un procédé simplifié, on pourrait penser qu'il faut établir une méthode de principe complète qui serait appliquée dans des cas spéciaux d'analyse très profonde.

Mais il m'est d'avis toutefois qu'en réalité la mise en œuvre de cette conception serait impossible. On obtiendrait des résultats tout d'apparence et dont la concordance avec la réalité n'existerait point. Ira-t-on, par exemple, analyser la composition de l'atmosphère d'une même station au voisinage de chacun des rameaux de chaume des plantes contenues dans une aire de quelques hectares? Voudra-t-on rechercher quelle est l'intensité des radiations lumineuses aux divers points de tout un sous-bois? Evidemment non. Quand l'une de ces mensurations serait exécutable, l'ensemble invraisemblable de toutes celles qu'il faudrait réaliser rendrait la chose impossible. Il s'ensuit donc que les chiffres que l'on établirait dans la formule complète ne correspondraient en réalité à aucun fait constaté. Loin d'apporter un éclaircissement aux choses, ils seraient inducteurs d'erreurs.

Il faut donc ne pas prétendre établir des lois dont la concordance avec la réalité n'existerait point. Je vois que l'on doit se borner à exprimer bien simplement les choses, telles que l'on sait avec certitude qu'elles sont effectivement. Au lieu de définir une multitude de données dues à une analyse fausse à l'occasion d'un petit fait, il vaut mieux aller un peu synthétiquement et proclamer un grand phénomène certain, formé de plusieurs qui le sont moins. A propos d'une racine je ne décrirai pas son volume par rapport à celui du sol et tous les détails *sûrement contingents* de celui-ci à l'endroit où elles croissent. Mais je dirai que dans un périonte où le sol revêt telle apparence générale, tels individus croissent dont les racines sont de l'envergure vérifiée.

§ XXI

Ainsi s'allient ces considérations tirées d'une connaissance pratique des difficultés du travail, avec les directions générales que la raison faisait choisir. C'est-à-dire que le travailleur doit être pénétré de la faiblesse de ses observations, il ne faut pas qu'il s'attache avec une volonté inébranlable à la recherche du savoir sur quelques points spéciaux dont il est violemment tourmenté de curiosité.

Il est connu que peut l'homme ce que *veut*. Mais si par un travail acharné le chercheur a su résoudre à sa satisfaction le problème unique auquel il s'est attaché, je n'ai pas avis que le savoir de cet homme sera conforme à ce qu'il doit être. Sa théorie, isolée du reste des choses aura grandes, d'être outrancières, chances. Et du moins, son travail, je le crois, ne sera pas pénétré de l'esprit qu'il doit posséder de sagesse.

Tout l'ensemble du labeur est, selon moi, devant composer une action large et une, pénétrée d'esthétique. L'acte par lequel acquiert son savoir le travailleur, doit l'unir à l'harmonie universelle, autant comme par le fonds de sa personnalité. Son esprit, son âme, son corps, doivent fournir chacun leur contingent à l'acquisition de la science, ceux-ci subordonnés à celui-là dans la mesure où faire cela se doit.

Toutes ces observations reviennent à dire que le chercheur devra avant de rechercher définitivement des croyances précises, s'être pénétré entièrement des qualités spirituelles. Il sera entièrement désintéressé et renoncera par avance aux résultats qui ne devraient pas lui être accordés uniquement par l'activité providentielle. Sa volonté particulière de se faire opinions définies il anéantira.

Sa recherche sera du reste fusionnée avec les volontés supérieures. Il cherchera à demeurer en contact avec l'équilibre de la nature. Et rien d'autre ne cherchera-t-il *directement*. Mais l'union par laquelle il sera attaché à l'harmonie de la création, il essayera qu'elle devienne de plus en plus entière. Or cela ne sera pas obtenu par l'absorption subintégrale des connaissances relatives à un ordre de phénomènes; ce sera réalisé par la conservation du contact de la pensée avec toutes choses, mais ce contact devenant plus intime autant que le savoir des détails viendra plus grand se ranger dans l'ordre des connaissances générales.

Mais cette acquisition des connaissances spéciales pourra être faite d'une façon poussée dans certains domaines selon que l'inspiration propre du travailleur l'y guidera.

§ XXII

Une théorie est un ensemble de pensées coordonnées composées d'expressions de faits connus et d'hypothèses destinées à dépendre d'une vérité d'après la manière de voir d'un auteur.

Or, pour établir une théorie, son auteur s'attache à certaines hypothèses qu'il développe. Tandis qu'il exclue définitivement d'autres hypothèses.

Je voudrais que l'on modifie souvent ce genre d'action. Je ne crois pas que le plus souvent les théories arbitraires et d'une parfaite logique puissent vraiment servir à la connaissance de phénomènes dont on ne sait pas beaucoup encore.

Je trouve certes que l'on se préoccupe de progresser en vue de donner que tout est, *peut-être*, réel.

Si l'ensemble de mes idées devait mériter de recevoir un nom particulier, celui-là que je leur croirais approprié est : Panalétique. Tout vrai.

Car je crois que ce sont les démonstrations positives seules qui doivent pouvoir faire dire : telle chose n'est pas.

Je pense donc que les théories que l'on fonde au sujet des réalités assez peu connue doivent non pas rejeter entièrement les choses que l'on croit les moins justes. Mais établir des formules très vastes et qui soient compréhensives de toutes les possibilités.

Elles seraient aussi, vagues.

Mais on serait sûr du moins que la vérité est contenue en elle. Et cela ne pourrait être contesté par aucun.

Et au fur et à mesure des progrès de la science, à renverser les théories il n'y aurait plus jamais. Mais facilement à les préciser. Et il en serait peu à peu expulsé les éléments parasites, à la manière des racines irréelles d'un polynôme. Car ce sont bien des racines irréelles que les théories fausses possible un édifice des relations qui est fondé sur un principe régulièrement induit de résultats constatés mais en fait inexistants.

§ XXIII

Après donc que l'esprit de largeur aura été intégré par la pensée, celle-ci pourra entreprendre ses opérations processives de vérités nouvelles. Or, je dis que cet investissement est difficultueux, cette pensée se créant elle-même empêchement au travail à cause de ses défauts.

Veuillez me permettre, Messieurs, de vous proposer une comparaison triviale mais assez exacte : je dirai que le psychisme laborant du savant est semblable à une lentille de crystal.

La puissance grossissante de cet objet est limitée par son champ, son pouvoir définissant, sa netteté, son absorption de la lumière. Le complexe mental humain présente limitations égales eu égard à la production intellectuelle qu'il fournit relativement aux faits qui le fondent. Il doit posséder un champ, c'est-à-dire une capacité d'examen synchronique de plusieurs données. Sa définition mesure sa possibilité de discerner les fines parcelles constitutives de ces données. Par la netteté, il est capable d'accorder une limitation précise à ces détails discernés. Enfin est comparable à l'absorption la résistivité du cerveau à la cogitation qui se traduit par un degré de clarté des idées qu'il a remuées dans leur expression.

Ces qualités ne sont jamais aussi amples qu'il serait à le souhaiter même chez les hommes les plus remarquables. Pour ma part, je les ai toutes très peu développées, et je souffre spécialement fort de l'absence de la dernière. A ces difficultés générales la « mentalité » humaine ajoute celle de la mémoire. Enfin toutes les gênes matérielles qui arrêtent les efforts des travailleurs s'y adjoignent.

L'opération du travailleur présente donc un caractère fort clair. Il y a, dans le monde, des faits. Un ensemble de propriétés psychiques d'une âme s'attache à les considérer. Après une expression résultante de travail est réalisée.

Il faut que les savants adoptent une méthode d'action conforme à ces vérités. Afin qu'elle essaye de parer quelque peu aux défectuosités de leur cerveau. Afin qu'elle manifeste sensiblement les erreurs que ces incapacités peuvent produire dans le résultat.

§ XXIV

Je ne songe point à exposer ce que doit être cette méthode.

Il ne serait pas de mon rôle de prétendre donner un enseignement sur cet objet. Mon ascension récente dans le domaine de l'étude scientifique, mon incapacité réelle à fournir un travail profond m'apparaissent avec trop de force pour que je songe un instant à le faire.

Il est certain toutefois que j'ai des opinions relatives à l'emploi de tel instrument ou de tel manuel d'étude de préférence à tel autre. Je crois aussi qu'il est à préférer de travailler à certains moments et dans des dispositions définies. Cependant un discours sur ce sujet ne me semble pas susceptible d'être écrit ici. Il dépend de chacun de suivre un procédé de travail et chacun le fera à son usage. Il aurait sa place dans un ouvrage didactique. Mon lecteur ira l'y chercher. Je n'ai point à me rendre plus longtemps importun ici.

Malgré cela, il est un point sur lequel je crois nécessaire de prononcer quelques paroles.

Il s'agit de contribuer pour quelque chose à fixer une méthode générale pour la constitution d'un cabinet de travaux quels qu'ils soient, touchant l'histoire naturelle, au sens le plus large où cette expression se peut entendre.

Les mots dont il est fait le plus vulgairement usage sont souvent, malgré tout, définis non suffisamment dans le cerveau. Il est commun de se représenter ce que sont des études de physique ou de philosophie. Pourtant et je crois cela digne d'étonner toujours énormément, un nombre des plus restreints d'hommes cherche à arrêter avec netteté dans son esprit la valeur relative des mots physiques, philosophie, et à ne figurer le sens absolu des études qu'elles servent à dénommer.

Quel acte accomplit donc absolument parlant le naturaliste lorsqu'il étudie la nature?

D'abord il observe les faits qui lui sont semblables.

Alors il retire de ses observations des déductions et des convictions.

Il publie celle-ci.

On peut donc comparer le laboratoire à une sorte d'usine. D'un côté il entre des faits tangibles. Dedans une machine, un cerveau, travaillent. Il ressort des idées capables d'êtres absorbées par des âmes étrangères.

Un laboratoire est un mécanisme à transformer des faits en idées.

Il est clair qu'un mécanisme quel qu'il soit doit être organisé avec soin. Un manufacturier qui laisserait ses ouvriers et machines abandonnés à euxmêmes verrait peu ses affaires prospérer. Le laboratoire-usine, qui est seulement outil pour permettre le travail du cerveau-transformateur, doit donc voir sa disposition de manœuvre définie et non soumise au hasard.

Il est déjà possible de distinguer trois départements dans le laboratoire.

A) *Faits pour l'observation.*

B) *Travail de transformation.*

C) *Idées pour la publication.*

§ XXV

A) Faits pour l'observation.

La quantité de travaux possible dépend directement de la qualité d'observations effectuées. Le nombre de ces observations est fonction de la QUANTITÉ DANS L'ESPACE, DES FAITS EXAMINABLES.

Donc faire une *concentration* de ces faits, sous formes d'échantillons naturels, la plus considérable possible. tel est le but du premier département.

9·

Selon l'objet des laboratoires, ces échantillons seront aussi bien : des plantes, des produits chimiques, des animaux, des pierres, des objets ouvrés, etc.

Pour réaliser la concentration, il faut d'abord procéder à une *importation* de ces échantillons. Celle-ci est due, d'abord, à soi-même. Par l'intermédiaire toutefois, d'un *outillage ad rem : l'outillage de récolte*; a) de chasse b) de transport. (L'occupation procurée par cet outillage et celui nécessaire pour d'autres actions constitue un *premier service*.)

Mais le temps et les transports compliqués ne permettent pas à un seul individu de se procurer un nombre suffisant de ces échantillons (ce qui est le *service 2*). Il lui en faut faire venir par d'autres personnes. (*Servie 3*). Afin de pouvoir le faire il lui faut s'occuper de trouver et d'entretenir des relations avec étrangères personnes (*Service 4*). Le plus souvent les relations s'effectuent par l'intermédiaire (*Service 5*) d'une correspondance.

Alors vient le moment de conserver l'ensemble des exemplaires obtenus (*Service 6*). Nécessité d'un deuxième outillage de conservation. (*Service 1*) : a) outillage pour opérations préalables; b) outillage de rangement (divisé selon la nature des objets à conserver).

Comme on a reçu des échantillons de certains naturalistes, il faut de même pouvoir soi-même leur en envoyer d'autres par réciprocité (*Service 7*). Pour y parvenir il faudra d'abord réunir un certain nombre d'objets doubles. (*Service 8*).

§ XXVI

B) Travail de transformation.

Le travail effectué avec les faits accumulés dépend de la QUANTITÉ EN TEMPS, DE L'ESPRIT QUI S'Y APPLIQUE.

Chaque fois qu'un objet *sert* on accomplit un travail. Lorsque avec l'aide d'un filet on attaque un papillon, on accomplit un travail. Lorsque avec un microscope on examine une cellule; lorsque avec une plume on écrit une observation, toujours on fait un travail. Non point pareillement noble, mais qui concourt au même but.

Pour ce travail des instruments sont donc nécessaires (ils relèvent toujours du *service 1*). *3° outillage d'observation* : a) préparation, b) examen;

4° *outillage d'expérimentation* : a) appareils énergétiques; b) appareils de mensuration; c) outils médiateur divers.

Une propriété du travail est d'exister en fonction du temps. Il est nécessaire que tous les *actes* soient en quelque sorte jetés, cristallisés, mentionnés. C'est là la base de tout le travail, l'image de l'esprit agissant, ce à quoi tout doit se référer. Afin de les accomplir logiquement, il aurait fallu procéder d'abord à une *élaboration* de travaux et ensuite en établir le *répertoire*. (Service *9a*, *9b*, *9c*, etc, selon l'objet de ces travaux).

Les opérations de l'esprit ayant donné un résultat, celui-ci sera exposé en des *notes provisoires* : (*Service 10*).

§ XXVII

C) Idées a publier.

Leur existence dérive de la QUALITÉ ABSOLUE, DES RÉSULTATS DU LABEUR contenus dans les notes provisoires. Selon que ces résultats détiendront une signification nulle ou plus ou moins importante, il y aura lieu de les communiquer point ou avec plus ou moins d'extension.

Cette publication ne nécessitera pas des travaux multiples comme les phases précédentes si l'on tient cependant à ce qu'elle soit faite d'une manière rationnelle et complète, il y aura lieu de prévoir les opérations suivantes :

1) Acquisition et renouvellement d'un *matériel d'expression* (*Service 1*) comportant objets pour écrire, dessiner et réaliser travaux accessoires annexés de démonstrations (peinture, photographie, musique, etc.).

2) *Elaboration* de travaux à publier par coordination des notes provisoires suivant un plan à trouver, établissement de *référence* à autres travaux, et, confection d'un *répertoire* des idées publiées, leur classement diversement constitué pour faciliter aux lecteurs leurs recherches parmi elles (*Services 2a, 2b.*)

3) *Exécution* des notes définitivement formulées, leur publication par voie d'impression; (*Service 12*).

§ XXVIII

C'est au long de cette suite de fastidieuses occupations que le travailleur peut, il me semble, porter d'une manière sentie et rationnelle d'un état antérieur où la nature des choses et lui-même sont donnés comme faits à un état final où la copulation de ces deux éléments a créé un être troisième, distinct, nouveau : *l'œuvre*.

Le penseur ne se place point devant la nature comme devant une personnalité étrangère qu'il attaque par des procédés locaux physiques. Il débute par une contemplation universelle de sa beauté. Les ravissantes parcelles morphologiques le pénètrent de chacun de leurs reflets, aussi comme la particularité des âmes. Et la majesté des ensembles harmonieux lui manifestent leurs rapports délicats. Alors il s'attache intimement à la signification de ces choses. Il fait un ce qui est le fond de lui avec ce qui est le fond des choses. Si j'osais l'écrire, je dirais qu'il s'exerce à se transformer en un suçoir spirituel universel, de manière à ce que la valeur de l'univers soit pompée et intégrée en lui-même.

Et c'est pendant ce temps que son corps et son âme entreprennent la mortelle besogne que nécessitent les *douze services* que j'ai cités.

Il dérive ainsi de l'ensemble de ces efforts l'objectivation cherchée de la personnalité.

§ XXIX

Le résultat est généralement faible. La vie intensive que le travailleur oblige à suivre les trois principes de son être, maintenant qu'ils puissent traduire le composé formé de l'union de son esprit à de grandes choses d'une façon meilleure.

Aussi, il est légitime que les hommes recherchent à perfectionner leurs moyens d'expression.

L'expression de la pensée est sa manifestation dans le plan physique. Effectuation est elle d'une création.

Le savoir de l'esprit peut donc se manifester par une application directe de ce savoir. La construction d'un rail de chemin de fer conforme à ses connaissances des propriétés de l'acier peut être la traduction adéquate de cette connaissance en ce monde pour un esprit. La *technique* ou art est identique, pour le fond, en s'appliquant de la sorte ou en aidant le penseur à la manifestation d'idées d'autres sortes par la création d'une œuvre esthétique comme peinture ou statue. De toute manière, il s'agit d'une transposition d'idées en faits.

§ XXX

Cette action cependant n'est pas celle dont ordinairement se satisfait l'esprit du chercheur. Il néglige les manifestations matérielles si elles n'ont pas un caracère grandiose et par elles-mêmes instructif comme le cas est s'il est sujet des œuvres nommées, *stricto sensu*, d'art.

Le penseur essaye de réaliser des manifestations conventionnelles de ses acquisitions de science, mais où la logique de leur mouvement se reflète intégralement et est rendue assimilable à l'intelligence.

L'œuvre proprement entendue et telle qu'elle sera généralement constituée le sera donc ainsi. Ce sera une œuvre littéraire.

Les moyens conventionnels du langage, peuvent être conçus de manières diverses. Il n'en est point de parfait. Le but premier des technologistes dans un sens élargi du terme devrait être de rechercher des procédés d'expressions parfaitement adoptées à leurs objets, clairs, complets et universels.

§ XXXI

L'objet des travaux particuliers peut-il être de nature très diverse. L'ensemble du labeur conçu d'une façon large et dans la situation qui lui est conférée par l'enchaînement des choses appartient à une sorte unique d'opérations. L'étude de *l'histoire naturelle*.

Il est la nature des choses. Et aussi la nature de l'esprit.

Cette étude est une action exécutée pour un sujet pensant devant la masse des objets passifs. Elle se fait en trois phases. Il y a la constatation des faits.

Il y a l'action transformatrice, conjonctrice de l'âme-esprit. Après est la description du résultat.

Il sera intéressant que toute œuvre finale descriptive du travail soit divisée conformément à ces phases nécessaires de son exécution. Comprenant ainsi que le présent ouvrage, *exposé majeur, analyse mineure, exposé conclusif.*

Le naturaliste est obligé de rechercher et de suivre des règles diverses pour accomplir son labeur au cours de ces phases successives.

Pour ce qui me concerne j'ai été contraint afin de progresser dans mes travaux, et malgré mon absence d'expérience d'adopter plusieurs procédés de conduite. Certains ont une valeur générale et valent pour toutes les parties du travail. D'autres dérivent proprement d'objets particuliers comme en possèdent les parties de mes notes traitant *des herborisations, de la taxonomie pour les sujets des Papilionacées empapilioniques,* des *scarabées* et de la *classification générale* ou de diverses parties particulières de la science (pour la partie de la classification générale).

Parmi les principes que les réflexions m'ont procurée il en est qu'on doit appliquer justement pour observer. Il en est d'autres qui se rapportent à des questions générales et primordiales qui seront vraies et nécessaires dans toutes les parties de cette œuvre. Je dois donc les exposer. Je parlerai de *l'observation,* de la *classification,* puis de la *description.*

Chapitre cinquième.

De l'observation.

Article premier

Du fondement de l'observation.

... Mes impressions personnelles. Mais au fond, ce n'est pas ici une question de personnalité, c'est une étude analogue à celle de l'anatomiste qui sonde profondément une plaie inconnue.

C. FLAMMARION : *Dieu dans la Nature.*

Et pourquoi l'auto-observation ferait-elle plus souvent déraisonner que l'observation extérieure, base de toutes les sciences positives?

L'expérience intérieure existe parfaitement. Elle s'impose à notre esprit avec la même force que l'expérience extérieure. Il est même facile de voir qu'on commence par elle. Car c'est par là que nous avons la notion de notre propre existence et cette notion doit nécessairement précéder celle des existences autres que la nôtre.

Dr GRASSET : *L'Hypnotisme et la Suggestion*, p. 427.

Avant que d'interpréter les phénomènes biologiques à notre fantaisie et à la lumière de quelques réactions de laboratoire, donnons-nous donc la peine d'interroger la nature.

H. COLIN : *De la Matière à la Vie.*

§ I

Est le mouvement initial du labeur l'acquisition de connaissances de données basilaires.

Les faits dont nous avons perception.

Le plus ordinairement ils sont phénomènes du monde extérieur sur lesquels est nécessaire de baser la science. Là, certes, est bien un malheur.

En effet, on ne peut les accueilir avec une foi aussi vive que les affections directes de l'égoïté.

J'ai décrit dans cette préface plusieurs sentiments profonds de l'être humain. Son discernement de l'harmonieux. Son amour pour âmes et pour formes. Son désir de la création? Ce sont là des faits que se présentent à chacun de nous avec le coefficient maximum de crédibilité. Car c'est d'eux mêmes que le plus profond de notre Ego est fait.

Et si j'ai basé sur ce phénomène toutes les diverses thèses que j'ai à soutenir, cela n'est que parce qu'aucune certitude ne peut être aussi grande chez l'homme que cel'e qu'il a de ressentir les aspirations nommées.

§ II

Il est bien évident que ce qui appartient au monde extérieur ne saurait être connu de la même manière.

Lorsque l'homme s'éprend pour l'harmonie des formes, c'est l'usage grossier des sens qui lui révèlent ces formes. Mais la constatation qu'il fait de l'harmonie est un fait indépendant des erreurs d'interprétations pouvant parvenir des sens. Savoir si les sens sont illusionnés n'a point d'intérêt, le rapport entre les conceptions est constaté et l'amour qu'il engendre est constaté. L'origine des perceptions n'a rien à y faire.

La déduction que j'ai faite par ces choses de l'immortalité de notre être et de la bonté de Dieu est donc immédiate. Je crois qu'il serait difficile de la contester.

Il va tout différemment lorsque l'on veut examiner en elle-même la nature des objets que les sens font connaître. Croire que ce papier, que la terre sur laquelle vivent les hommes, existent, suppose un acte de foi dans la révélation faite des sens physiques à l'Ego. L'on ne saurait se reposer sur eux sans que leur sincérité ait été affirmée par des raisons légitimes.

§ III

Cependant raisonnant par analogie, je serai porté à admettre la validité ordinaire des affirmations des sens. Et justement parce que j'ai acquis croyance dans un Dieu bon dont les œuvres ne sont pas menteuses.

Il faut aussi porter la discussion sur l'essence du phénomène.

Car les réflexions de cet ouvrage n'enseignent pas s'il est véritablement légitime de fonder des croyances sur l'observation. Ce qu'il est indispensable de connaître.

Relativement au raisonnement, je pense que l'homme doit être assuré de sa validité. Il n'est pas de saison de démontrer que les données nommées « principes directeurs » sont des éléments innés et fixe dans l'être intérieur. Je crois que chacun l'admet. Si l'on répétait les témoignages de la conscience, il ne resterait absolument rien sur quoi s'appuyer. Nulle science et nulle foi n'existeraient. Donc, faut-il bien avoir confiance dans les déductions de la logique.

Mais si, prendre pour base de ces réflections les faits sensibles, n'est pas bien hasardeux, sera le problème.

Lorqu'est fait usage de la méthode ontologique on est du moins assuré de ne pas attribuer des phénomènes impossibles pour conséquences au fait initial dont la définition est la base du système. Par l'exemple d'une base empirique, il semble bien au contraire, que l'on puisse être induit en erreur dans l'impréhension même des faits. En ce sens que l'intellect de l'homme n'a pas le pouvoir de leur appliquer une définition adéquate. Car il n'est possible à lui que d'interpréter, non exactement, ce qui lui est donné par les sensations des corps.

§ IV

J'aurais plusieurs idées dans l'esprit pour développer la méthode qui se base sur l'expérience. Or je ne puis point parler avec opportunité sur un si savant sujet. Puisque j'en suis ignorant, et me trouve éclairé seulement sur lui par mon intuition personnelle. Tandis que je sais combien ceux qui ont étudié la philosophie ont disputé là-dessus, et que je n'ai rien à faire après eux.

Aussi je vais me borner à contourner le problème et à le rabaisser au cas particulier de mes propres études. Si l'on a remarqué, j'ai fait dans cette préface usage de l'expérience. Mais cette expérience, je le rappelle encore, ne porte jamais sur des données physiques objectives. Elle se base sur des faits de conscience, essentiellement (encore qu'ils soient provoqués par des objets sensibles.)

Si j'osais le dire, j'exprimerais la nature de cette action en qualifiant son résultat de *métaphysique expérimentale.*

Or, telles acquisitions, selon moi, sont non moins sûres que les principes directeurs mêmes par lesquels se réalise toute déduction. Et par elles, j'ai amené, j'espère, à certaines conclusions touchant la réalité de l'âme et l'existence d'un support spirituel de toute la création.

C'est de là que j'essayerai de tirer, pour moi, la valeur scientifique de l'expérience généralisée.

§ V

Car la conscience est sûre d'elle-même lorsque, par l'intermédiaire de sensations, elle affirme un rapport des âmes entre elles, ou avec elles. Et tout ce que l'on peut savoir des objets extérieurs, en eux est acquis par des rapports que constate aussi la conscience. Pourquoi supposer que dans ce cas elles nous trompent, ce qu'elle ne fait pas dans le précédent? Si l'esprit d'une bûche enseigne à la conscience qu'une telle bûche doit être cylindrique, elle en est convaincue. S'il lui montre que la bûche est formée de cellules, elle doit le croire de même. Et si elle admet que jamais une bûche ne doit être anguleuse, ne doit-elle pas avec la même foi, généraliser ailleurs et dire que toute branche est composée de cellules?

S'il y a erreur dans les résultats des connaissances expérimentales, ce ne peut être que pour une réelle ignorance des sens qui ne permettent pas de saisir exactement la nature des choses. Et les déductions sont toujours logiques et justes. Elles peuvent être révisées mais ce qu'apprend par elle un homme est bien en vérité le réel, momentané et local, que son esprit doit acquérir.

Je précise donc. Il est impossible aux humains, dans leur vie terrestre, d'acquérir un savoir touchant la qualité fondamentale, en essence des choses extérieures à lui. Mais il peut apprendre les différences de qualités des choses entre elles. Et par là venir à la connaissance de l'allure vraie de l'extérieur de la créature. Il peut donc bien se donner à l'étude. Il connaîtra le monde par rapport à lui.

§ VI

Pour arriver à ce résultat, je demande encore quelle sera la méthode qu'il convient de suivre. Lorsque j'étais encore adolescent il me paraissait que toute la grandeur de l'œuvre eut consisté à, étant donné un principe fixe établi, descendre par voie de démonstrations successives à des certitudes de détails. J'étais ainsi tout en l'ignorant, sans doute comme disciple des vues cartésiennes.

Depuis il m'est apparu combien cette tendance était inconforme aux vraies réalités. Il serait assurément fort séduisant d'user d'un procédé si simple et convaincant. Malheureusement, rien de ce qui relève de l'observation ne possède d'exactitude absolue sinon seulement des rapports approximatifs quantité et qualité. Il me semble vain à présent de vouloir appliquer à ces objets la méthode qui convient aux sciences exactes.

Un aveugle, sourd, muet, paralysé, très intelligent, peut, dès que la notion de plan s'est fait jour dans son esprit, déduire toute la géométrie plane. S'il connaît le nombre, il pourra connaître l'arithmétique.

Un homme en possession de toutes ces facultés physiques a pu voir, comprendre, se faire une idée et même image de ce qu'est un animal. Peut-il, de là, délimiter quels sont les animaux qui existent? Il possède une définition de l'esprit immatériel. Pourra-t-il cependant en déduire quelles sont les facultés, en aucune façon.

§ VII

Il est facile de découvrir quelles causes produisent ces différences. Lorsque l'homme pose en principe l'idée de plan ou de nombre il se base sur des éléments adéquatement susceptibles et même nécssaires à son entendement. Il est fatal qu'il parvienne à connaissance de tout ce qui découle de ses principes. Inversement l'homme n'eut pas été capable d'inventer les animaux. De même il concevrait fort bien qu'il n'en existât pas. Il peut penser de même envers l'âme. A preuve relativement à ce second point, l'existence des théories matérialistes.

L'étude des sciences exactes tient donc pour champ le domaine des objets dépendants des humaines facultés. Les sciences naturelles (et psychologiques) s'attaquent à des problèmes supra-humains. Ainsi reste, je crois, à l'homme être reconnaissant envers le Créateur d'avoir mis à sa disposition des procédés lui permettant investigation en dehors de son domaine. Ces moyens sont ceux pour lesquels il peut acquérir savoir général sur le monde extérieur.

Et pour cela, il n'est pas aussi solide support comme l'empirisme de l'observation.

§ VIII

Aussi me crois-je poussé à prendre cette résolution : en toutes recherches cogitatives, je me ferai un devoir de me baser sur des faits expérimentalement connus, selon aussi que j'ai agi jusqu'à présent.

Il n'est pas démontrable que l'expérimental est certain. Cependant parce qu'il faut toujours asseoir sa connaissance sur de l'indémontré, ce sont les vérités d'expérience que le travailleur devrait choisir comme base plutôt que le néant.

Mais surtout précisément parce que l'expérience est reconnue par nous mère de sûreté sans que ce soit démontré, grâce à un sens intime, nous pouvons nous fier à ses dires.

C'est en effet alors la conscience, cette liaison directe avec l'infini spirituel qui convainc du réel d'un tel savoir. Cette intuition est le résultat du labeur des facultés par lesquelles l'homme raisonne. Et elles dérivent de nombreux raisonnements futiles implicites qui seraient presque impossibles à formuler. C'est leur conclusion qui s'impose avec force à la conscience. Le monde existe. Les phénomènes qui s'y produisent ne sont pas illusions. Et ils constituent la grande certitude sur lesquels la science doit se baser.

§ IX

Par ailleurs, ainsi que chacun le sait, le processus cognoscitif revêt deux modes. Ou bien il va directement à son but par intuition. Ou bien il progresse par une succession de raisonnements.

L'esprit purement intuitif ignore le raisonnement.

Celui qui sait raisonner commence par dédaigner la voie intuitive.

Lorsque l'on a encore dépassé ce stade, on fait appel aux deux voies. Car on s'aperçoit que le raisonnement n'est pas seulement moralement moins noble que l'intuition. Mais aussi que scientifiquement, il est moins pur qu'il ne le paraît et que les vérités carrées qu'il affirme ne ressemblent pas aux réalités du monde.

Je crois donc que, dans la voie de l'étude que le chercheur suivra, il cherchera à acquérir l'esprit universellement délié.

Il faudra qu'il s'évertue à pénétrer les profondeur de sa conscience pour qu'elle lui révèle les finesses du vrai.

Il devra s'appliquer ensuite à retracer par la voie syllogistique qui en est, certes, le substrat inconscient. Puis il en tempérera de nouveau le contour par l'expression de son état de pensée.

Et ainsi il aura fusionné en lui le double principe et satisfait aux nécessités de la matière, et aux aspirations du cœur.

§ X

Au moment de poser les bases de principe du labeur devant être accompli sommes-nous, il me semble, parvenus.

Et ces principes, selon que je crois nécessaire, je dis donc doivent être basés sur l'expérience. Et j'ai construit sur mon expérience cette Préface pour les établir.

A la fin du livre second, je suis arrivé à une conclusion. Elle représente une croyance. Je ne la pose point en certitude reconnue, sinon en hypothèse de travail. Mais je l'adopte afin d'édifier dessus elle. Et au fond de moi, suis-je quasi convaincu qu'elle est l'image d'une loi réelle.

On pourrait dans la forme la plus synthétique la formuler de cette manière. *Ce à quoi l'intellect de l'homme peut accéder est formé de l'Unité dirigeante et d'inertie soumise.* Il y a un esprit qui est l'impulsion de la loi : une. Il y a une manière qui suit l'impulsion et qui va définitivement suivant elle dans un seul sens parce qu'elle est brute.

En toute chose, j'admettrai donc que c'est cela qui s'y trouve.

Mais ce principe revêt des aspects différents selon l'angle d'où on l'examine.

Tout dans la création n'est connu par l'homme que par relation avec les autres objets. Et autant naissent de relations, autant naissent de jours particuliers par aucun desquels il ne faut se laisser dominer. Tandis qu'il faut être attentif à tous.

Chacun de ces rapports constitue un fait. Et c'est sur les faits qu'il faudra baser le savoir. Non pas sur un fait. Mais sur l'ensemble des faits.

Chaque fait doit donc être tenu comme possédant une grande dignité.

Il faut considérer seulement les faits.

Le fait sera comme une base religieuse pour le travailleur.

Article II.

De l'observation intérieure.

§ I

J'ai eu à dire comme m'était avis que le savant devait mettre toute sa vie dans l'état le meilleur pour réaliser ses recherches.

Cela est mon opinion que le chercheur qui est décidé à rompre avec les erreurs du monde, doit adopter avec indépendance une règle de vie rationnelle à laquelle il se tienne exclusivement. Il l'adaptera en conformité avec son caractère et ses travaux particuliers. Il lui donnera un caractère de grande logique subjective. Mais il la suivra rigoureusement.

L'objet et la quantité de temps à lui consacrer, de chaque phase de travail, sera déterminé par la connaissance des nécessités du genre de labeur auquel on se livre.

Quant à la disposition de ces phases, je pense qu'il est bon de lui donner un enchaînement rationnel, de sorte qu'il ne s'agisse plus pour le travailleur de se conformer à un horaire arbitraire, mais de suivre chaque jour le cours d'un rite, profondément tragique intérieurement ce qui l'existe et renouvelle son ardeur au travail en lui communiquant de nouveau à tout moment la conscience de sa grandeur.

De cette manière il se trouvera dans la situation la meilleure pour prendre connaissance des faits. Son esprit sera plus délié. Son intelligence sera moins authopique et plus compréhensive d'universalité. Son désir d'acquérir le savoir le plus proche possible du vrai vrai et le plus profond sera plus grand et plus constant.

Aussi je crois que le premier élément de progrès dans le savoir expérimental sera le perfectionnement de l'instrument primaire. Je veux dire l'élévation morale du chercheur.

§ II

Ceci étant admis, je vais chercher à montrer que le rôle de la personnalité intérieure de l'étudiant va être encore, extrêmement actif dans une recherche sérieusement conçue.

Il me semble effectivement que toute acquisition de savoir repose sur les conclusions du grand débat intérieur qui se fait en chacun des hommes. C'est par la manière dont sont pesées en nous les conceptions avec pureté et profondeur que nous pouvons prendre idée de la Nature.

L'étude des phénomènes physiques n'acquiert de portée que par l'examen intérieur qui en est fait.

L'étendue que je donne dans mes notes aux descriptions de sensations pourra ressembler tout à fait déraisonnable. Si j'ai l'honneur d'être lu par des naturalistes savants beaucoup jugeront sans doute qu'elles constituent une recherche littéraire déplacée autant que mal réussie et indigne de leur attention.

Je ne dis pas qu'ils auraient tort sur ce dernier point; mais relativement au fond de la question je me permets d'être d'un avis contraire. Il est bien différent de décrire certains objets pour une recherche d'effet de style dont je serai pour moi incapable et de décrire des nuances fines et profondément senties et pour lesquelles le choix attentif des mots ne tend qu'à les définir naïvement avec précision.

C'est cette dernière opération que je me suis toujours efforcé d'atteindre, bien que n'y ayant pas parvenu. C'est celle encore que je suivrai avec sincérité dans tel volume à venir de mon œuvre.

Et c'est peut-être en effet, dans une définition de plus en plus rigoureuse des faits et dans la perception de plus en plus aiguë des sensations que les générations futures pourront étayer leurs théories et parvenir à de plus grands progrès. Je dis cela parce qu'il est présentement visible que l'étude qui ne se raccroche qu'à faits matériels n'aboutira point.

§ III

Toutes les *explications* par les causes physiques que les hommes peuvent tenter n'ont, je pense, aucune valeur.

Lorsqu'on examine l'histoire des sciences, durant tous les temps ou durant un seul siècle, on conclut toujours qu'à la suite de telle théorie son opposé trouve un moment de succès; la première reprend faveur étant élargie pour être de nouveau renversée.

Il est facile d'avoir notion, dès qu'on regarde positivement la Nature, qu'il ne peut exister *des* causes, mais *une* cause et une seule. C'est la cause de tout. C'est une cause simple puisqu'elle est une. Elle coïncide avec ses effets qu'elle *comprend* tous. Et elle nous paraît multiple, à nous qui sommes du nombre des effets.

Donc, une explication donnée par l'homme est exactement une coordination de faits suivant le nombre de ceux qui lui sont connus. C'est une résultante du développement de sa société momentané, autre phénomène même de la nature. En tant qu'explication, au contraire, cela est inexistant.

Je m'explique. Lorsque l'on déclare, après avoir étudié l'astronomie que la terre tourne autour du soleil, on fait œuvre de science. Mais cela n'est pas une explication. Il faut y voir une certaine manière d'exprimer un *fait*. Si l'on dit que le soleil tourne autour de la terre, ce n'est pas une erreur, c'est une manière différente d'exprimer le même *fait*. Cependant l'une des deux expressions est plus vraie que l'autre.

C'est la première. L'autre ne satisfait qu'à une observation très superficielle, des phénomènes cosmiques. Celle-ci renferme l'affirmation d'un plus grand nombre de vérités. Rien n'est impossible dans l'idée qu'une expression plus conforme ne puisse être menée au jour dans l'avenir. Or, cette progression dans la manière d'exprimer un système de phénomènes n'est pas une modification arbitraire d'affirmation verbale. Elle ne peut pas non plus être considérée comme devant finir par mettre en possession de la vérité en soi. Il est certain qu'elle constitue une marche effective dans le domaine de la connaissance dans la direction de cette vérité. Car il est plus vrai que la terre tourne autour du soleil que le contraire. Donc, ce travail est légitime. On voit aussi combien la doctrine que j'effleure ici est loin d'un agnosticisme intégral. Mais elle pousse dans ses conséquences le fait certain que l'absolu est inaccessible. Elle instaure fondée en raison toute science dont le caractère relatif est admis. Dans le sens mathématique de l'expression, on peut certifier : « la science *tend* vers la vérité ».

§ IV

Mais les esprits voudront s'avancer plus loin qui sont absolus et audacieux. Ils édifieront une théorie pour *expliquer* la gravitation. Ils poseront en hypothèse, par exemple, le dogme de l'attraction universelle. C'est ici, comme je disais que, il me semble, vient chance d'erreur.

En effet, deux cas peuvent être envisagés dans l'application de l'hypothèse. Suivant le premier on n'ajouterait aucune qualité de vérité nécessaire à ce qu'elle exprime. Dans cette circonstance on rentrerait dans le cas précédent, se bornant à rechercher l'expression la plus simple de tous les phénomènes envisagés. C'est ainsi que les électriciens parlent l'électricité positive et d'électricité négative, bien qu'ils n'imaginent pas un instant que, en fait, deux électricités spécifiques existent. Ainsi envisagées comme hypothèse de travail, l'hypothèse est certainement louable.

Toutefois il est de nécessité absolue qu'elle satisfasse à cette condition d'être compréhensive de tous les faits et qu'il ne soit pas nécessaire de ceux-ci « forcer », pour qu'ils cadrent avec elle.

§ V

Si au contraire, le chercheur prétend attacher aux coordinations qu'il effectue une valeur figurative de vérités intrinsèques contenue dans leur objet, cette fois, il est entièrement illusionné. Il semble en effet, à ne pas regarder soigneusement les choses, qu'il n'existe pas de différence entre les deux manières d'envisager l'action constructive de cette spéculation. Il en est sans doute cependant bien différemment.

Dans le cas où est constaté un rapport constant de consécution, on reconnaît la manifestation d'une loi. Cela est indéniable. Et chercher à en exprimer le fait de la manière la plus adéquate et la plus *une* possible est œuvre de science. Mais l'on ne préjuge en rien des motifs de la consécution.

Or, tous les phénomènes physiques sont perçus par l'homme au moyen des sens. Il ne peut donc avoir notion que de ceux qui sont transmis à ses sens directement ou par l'intermédiaire d'instruments sensibles. Il n'est nullement contradictoire — et, en réalité, il est démontré — qu'il existe un grand nombre de phénomènes à nous non sensibles. Donc, pour cette seule raison, il est rigoureusement impossible d'attribuer aucune valeur d'authenticité définitive à une théorie, puisque, sans sortir du monde physique, nous ne pouvons jamais savoir quels sont tous les concomitants d'un phénomène donné.

Un aveugle déclarerait que la fonction chlorophyllienne est due à la chaleur. Il aurait tort. Les savants seuls l'attribuent à la seule lumière. Ils ont certainement tort aussi bien. La preuve en est qu'avec de la lumière et de la chlorophylle extérieure à une feuille on ne peut produire la moindre catalyse. La seule affirmation permise est que la chlorophylle d'une feuille vivante agit quand elle est lumineusement irradiée.

Lorsque l'on plonge un tube délié dans un liquide, celui-ci s'élève en lui. Nul, je pense, ne sait encore avec certitude pourquoi. Or on dit que cela est l'effet de la capillarité. Envisage-t-on ce terme comme un simple qualificatif de la spécifité d'un ordre de phénomènes? Rien de mieux, il désigne un fait, devant lui chacun s'inclinera-t-il. Mais si l'on prétendait y voir une explication, sous la condition d'admettre l'existence d'une hypothétique force de capillarité, cette fois, on se tromperait. Car le jour où l'on prouverait que le phénomène est un cas particulier d'une action de physique électronique ou d'hyperchimie encore inconnue (1) il faudrait jeter à bas la première théorie.

Or on doit toujours prévoir l'avenir, et ne pas édifier rien qui puisse être renversé.

Pourquoi perdre le temps à prouver que le phlogistique n'existe pas et que l'éther existe? Le premier est une expression devenue inutile, celui-ci est un terme devenu commode. Que l'on délaisse l'un et que l'on emploie l'autre. Mais il ne faut pas avoir d'autre intention, ce qui est d'un acharnement puéril et d'une profonde naïveté.

Et l'erreur n'est pas dans l'affirmation, elle est toujours dans la négation. La vérité est que tout existe de ce qui se manifeste aux sens et de ce qui est nécessité par eux.

Pour nous, pauvres sujets, ce qui existe ce sont simplement des sens défectueux, et une pensée médiocre.

§ VI

D'autre part, il est supérieur motif encore pour que l'on édifie pas de lois relatives à l'univers physique. C'est que l'homme ne peut point connaître la nature des choses physiques.

(1) Depuis que j'ai écrit ces lignes, il est venu à ma connaissance que l'on pouvait considérer comme faite cette preuve. La moderne physique donne une limpide explication par la notion de tension superficielle.

L'essence de la matière, effectivement est entièrement inaccessible à l'intellect humain. La preuve la plus évidente en est l'inconnaissance où il se trouve lui-même de la substance de son corps. A aucun instant il ne lui est révélé de quoi l'organisme est fait. Il ignore absolument toutes les fonctions qui s'effectuent en lui. Poussé à la procréation par un instinct aveugle, les innombrables biologistes qui l'ont étudié n'ont pu découvrir par quel processus mystérieux se réalisait la génération. Il marche invinciblement à la mort et il ne sait pas non plus pourquoi il meurt et pourquoi son individualité consciente est venue s'implanter au milieu de cette ruée fatale des générations.

Il est donc impossible d'aborder le domaine des problèmes de l'univers par leur extérieur. La voie de l'expérience intérieure et de la conscience des propriétés universelles de l'esprit. Cela est la seule voie permise aux recherches de causalité. Cela est la métaphysique et la métamorphologie dont je parlerai plus bas.

Pour ce qui est de la science, elle est chose d'humilité.

Il faut regarder la vraie figure de l'homme dans l'univers. A côté des chiens, des oiseaux, des poissons, des protozoaires, des herbes, des lichens, des protistes. Et se pénétrer d'esprit. Et il se comprendra.

Son moyen est l'observation pure.

Son but l'obtention des formules de plus en plus adéquatement descriptives; du plus grand nombre possible de faits.

§ VII

D'abord que de parler science et de rationnel savoir l'ordre des faits en eux-mêmes, n'est point assez approfondi.

Les points d'expérience que j'ai eu assez de vanité pour décrire à l'instant sont des impressions. Or ces impressions absolument certaines et individualités par moi, ont une portion minime de celles qui me frappent et que je suis incapable de décrire comme de reconnaître.

J'ai exprimé des sensations qui, mille fois ressenties, me sont devenues familières et je les catégorise, je les définis, j'en induis aisément des concepts particuliers. Et pourtant, à certains esprits, elles ne peuvent paraître réelles. Il serait impuissant à les rendre conscientes et à les voir vivre devant eux.

Et c'est pendant que de nombreux penseurs discutent sur les seules idées de raisons qu'une petite quantité songe à s'étudier vivante, et à se regarder sentir et acquérir une vision interne, principe éprouvé qui établisse une base logique à leurs conceptions.

Or c'est ainsi de même qu'à côté de cette base, elle facilement discutable, il règne un univers de sensations. Elles s'enchaînent, elles possèdent un pouvoir ou une hiérarchie réelle. Leur rôle dans l'équilibre universel est très certainement logiquement délimité; et il est très difficile de simplement les entrevoir.

§ VIII

Etre naturaliste n'est pas seulement employer mots latins, faire des coupes microscopiques et tuer, pour les étudier, beaucoup de jolies créatures.

Le naturaliste vrai vit avec la création. Et elle lui est une amie. Son œil est sans cesse aux aguets et distingue, ému, ses expressions.

Le rôle du naturaliste est d'être observateur soigneux et attentif. Et il est indispensable qu'il prenne bien garde d'envisager non pas seulement un fait particulier, mais aussi tous les faits qui peuvent l'y rattacher. C'est par là que la science est d'un poids si écrasant pour celui qui l'envisage dans sa pureté et avec un esprit intègre. (1)

Il faut donc avoir l'attention toujours fort tendue. Et en même temps tenir éveillés tous les souvenirs que l'on peut avoir d'autres objets.

Patiemment des matériaux d'idées sont assemblés. Il ne doit être apporté aucune hâte dans la construction des théories. La tête du chercheur aussi surveille, et ce que son œil voit, elle l'examine. C'est alors qu'intervient un travail en retour : l'expérimentation. C'est alors, mais seulement alors, c'est-à-dire pour comprendre toujours plus qu'il établit des mots affreux, des tail-

(1) J'ai constaté avec une surprise que je ne dissimule pas que plus d'un des savants reconnus actuels ne prenait pas bien garde à suivre ce conseil élémentaire de la prudence. Et je me permets de leur en faire reproche respectueusement, malgré l'humilité à laquelle doit me contraindre mon peu de savoir personnel. Je sais en effet que ne craignant pas de tourner sans contrainte en dérision MM. Kant, Bergson et leurs pairs, ils se font les champions de la raison pour prendre ce droit. Cependant, on constate avec étonnement que leurs propres écrits sont formés de raisonnements très piètres et d'explications uniquement verbales.

lades, et des massacres (et ce n'est jamais sans intérieur remords). Et il ne le fait que lorsque la raison prouve que ces sacrifices sont nécessaires au succès du savoir.

§ IX

Tout objet produit en l'homme une sensation consciente. C'est celle-ci qu'il a en vue lorsqu'il applique une nomination à l'objet. Le nom de toute chose désigne en réalité un certain état de conscience humaine.

Or, le travail qui consisterait à définir le mieux possible ses états de conscience. A distinguer un peu de véritable, nettement, dans ce qu'ils ont de confus. Ce projet serait, il me semble, le plus juste qui soit.

Lorsque l'on entreprend la description d'un être en le qualifiant de la sorte, cylindrique, jaune, rugueux, etc., on se borne à formuler des impressions qu'il procure à la conscience au moyen des sens. Et sans se préoccuper fort de savoir si cela désigne des qualités objectives, réellement inhérentes au personnage extérieur.

Or ce que je propose est de reconnaître délibérément la subjectivité des observations humaines. Et de s'appliquer, non plus à les rejeter dans ce qu'elles ont de plus intime, mais à rechercher leur plus grande profondeur. Et avec autant de précision que possible.

Je trouve que les sensations de l'âme sont en réalité des critères qu'il faut retenir très jalousement pour utiliser leurs caractères partout où ils peuvent servir. Pour moi ce simple fait montre très clairement leur importance absolue que j'aie pu trouver dans la littérature tant d'impressions traduites exactement comme je les avais exprimées moi-même. Cela est d'autant plus merveilleux que les écrivains n'ont pas dû s'appliquer très soigneusement à s'assurer de la concordance de leur parole avec leurs sentiments puisqu'ils n'ont point songé à leur accorder une importance scientifique. Et c'est ce qui montre mieux à quel point cette valeur est réelle et que pour tout esprit humain « l'impression » d'un esprit humain est un fait étalonné auquel il peut se référer avec une confiance à peu près entière.

§ X

Ceci considéré, j'ai cru avoir le droit de prendre l'initiative d'introduire les définitions spontanées et empiriques de l'esprit basées sur des comparaisons illogiques mais conformes à nos sens intimes à titre de faits, dans les matières scientifiques où elles peuvent sembler utiles. Ceci est une chose audacieuse qui m'a coûté baucoup. Et je tâche d'appliquer cette méthode avec la plus grande concision. Certains savants, si mes travaux leur parviennent, me reprocheront, malgré tout d'en faire usage. Peut-être l'avenir montrera-t-il en outre qu'ils ont raison et qu'elle est dépourvue de valeur. Seule cependant l'expérience peut le faire; elle doit être tentée. Ce sera un « moment de la science ». Je considère m'être devoir de lui donner naissance.

Mais il serait extrêmement opportun que les personnes plus instruites commençassent à opérer l'étude des états de conscience avec une précision nouvelle. Il faudrait faire des expériences comparatives soignées des effets animiques produits par les sensations. C'est-à-dire que plusieurs sujets honnêtes, intelligents et éduqués convenablement seraient simultanément plongés par surprise dans un spectacle excitateur des divers sens d'une façon définie. On étudierait la nature des divers sujets. Ceux-ci feraient en même temps analyses de ce qu'ils éprouvent et la confrontation de leurs impressions entre elles et avec leur « mentalité » apporterait sans nul doute des résultats utiles.

Il se peut qu'un jour cette méthode puisse être employée par moi pour vérifier divers phénomènes.

§ XI

L'examen positif que j'aurai ainsi fait des sensations provoquées par la matière aura, d'ailleurs, chez moi, un but direct. En effet, dans les études que je me propose, je veux suivre le développement des faits non seulement dans leurs conséquences intraphysiques, mais dans leur valeur psychique.

Je ne veux pas insister sur la réalité de ceux-ci. J'ai fait voir déjà je pense, de telles choses. Je montre encore par exemple que la composition de l'eau en hydrogène et oxygène est un fait, celui qu'elle sert de facteur biologique en est un autre; et celui qu'elle procure à l'âme une sensation de douceur et de pureté en est un qui n'est pas plus contestable. A titre de faits, toutes ces considérations sont donc accessibles à la science. Ils ne seront pas objets de la même méthode, je l'admets; du moins on ne saurait les négliger.

Pour moi, je ne crois pas, jusqu'à informé plus précis qu'il faille étudier effectivement, ces choses comme étroitement liées. Supposer aux faits physiques une raison psychique *directe* me paraît aussi excessif que d'attribuer une cause matérielle à tous les éléments spirituels.

Mais chaque chose doit être étudiée en elle-même. Et le développement de l'expression des formes selon l'âme devra être recherché avec soin. Ils peuvent n'être envisagés que comme conséquence; ils sont et méritent examen. Ainsi compté-je suivre dans mes études en particulier sur les *herborisations*, les *Papilionacées indigènes*, les *Scarabées*, les idées qui émanent de ces êtres, ainsi comme on dissèque une chair pour en suivre les vaisseaux et les nerfs.

Avec beaucoup de gravité doit-on donc continuellement songer à observer ce que l'on sent dedans soi à tout propos. Car je crois cela plus utile que tout puisque la personne humaine est impénétrable à autrui. Au contraire des affaires sensibles que tous peuvent étudier, soi ne peut être examiné que par soi. Aussi, peu avancée est la psychologie. Surtout l'étude des impressions ne l'est aucunement, et doit-on s'attacher à l'exécuter.

Article III

De l'observation extérieure.

§ I

Lorsque le chercheu. passe à l'étude des objets physiques, ce sont encore des faits qu'il doit, de son mieux, définir. Or, les qualités scientifiques d'un fait viennent de la véracité avec laquelle il est dépeint. La sincérité dans la description doit donc être le but de l'observateur.

Cette sincérité sera cherchée à la fois positivement et négativement. C'est-à-dire qu'il faut avoir soin de ne pas mêler par mégarde des affaires étrangères à l'objet considéré. Il faut le préciser. Mais aussi semble-t-il nécessaire de fournir toutes les données touchant ce fait par quelque côté. Il faut l'*emplir*.

Il faut distinguer dans l'action de la description deux cas différents que l'on est porté, semble-t-il, à confondre parfois.

D'abord la description indifférente et objective, entièrement de l'objet que l'on veut faire connaître. Cette description est le but d'un auteur pour traduire un être qui lui est entièrement inconnu, et qu'il suppose de même inconnu pour ses lecteurs. Il doit employer dans cette description en premier lieu la franchise ou naïveté qui le porte à décrire tout ce qu'il voit sans s'inquiéter de ce à quoi il peut être entraîné. Deuxièmement, il lui faut faire usage de beaucoup d'application afin de peindre non seulement ce qui le frappe mais tout ce qu'il est possible aux sens de percevoir. Enfin il est nécessaire qu'il recherche attentivement les mots les plus propres à exprimer les faits qu'il constate afin de donner une sorte de photographie en langage, sincère tant qu'il peut de ce qu'il compte décrire et ainsi il traduit vraîment les caractères physionomiques.

Lorsque l'être nouvellement découvert par son esprit sera ainsi décrit, l'auteur le comparera immédiatement à ceux qui lui sont déjà connus. Il verra que par tel caractère il s'approche de ceux-ci tandis que par d'autres il en reste éloigné. Ces derniers ne constituent nullement à eux seuls la description primitive... Pourtant à eux seuls ils suffisent à la faire distinguer parmi celles de tous les autres objets. Ces caractères expriment donc ce qui fait la spécifité des corps qui les laissent apparaître. C'est là le second acte de la description.

En biologie, parmi les caractères qui appartiennent en propre à l'espèce, il convient de faire souvent encore une sélection. Les *caractères personnels* d'une espèce contiennent, en effet, outre des *caractères cognoscitifs* qui portent les conditions nécessaires et suffisantes à la détermination de l'espèce des *caractères accessoires* non nécessaires à cette discrimination.

La connaissance des caractères proprement spécifiques est due souvent à une bonne part de divination des auteurs.

§ III

Au cours des diverses parties de mes notes, je consacrerai en chacune d'elle le livre premier à la description des observations.

Dans la partie concernant mes herborisations, ce livre comprendra plusieurs divisions. Dans la première seront décrits les lieux où j'ai herborisé. D'abord une peinture subjective. Puis un exposé de constatation de la géomorphie locale.

Dans une seconde étude seront décrites les plantes notables rencontrées dans ces herborisations. Cette description sera assez brève, mais précise selon le modèle que l'on trouvera à la troisième section du Iᵉʳ chapitre du présent livre.

Enfin la dernière partie comprendra l'examen des rapports des plantes avec les localités comme elles se sont présentées dans mes recherches. Ceci se fera pour chaque note à deux phases. Dans la première, ou préparatoire seront contenues diverses remarques nouvelles. Relatives au lieu pour marquer sa division topographique ou pour relever son allure métamorphogique. Relative aux plantes ayant trait notable. Relatives à l'économie physique (édaphique) de l'endroit et à l'objet des relations de la distribution des plantes avec les propriétés physiques des localités. Alors sera exposé dans l'ultime phase, la description précise de la végétation de l'endroit, faisant le plan exposé à l'endroit que je viens de citer.

§ IV

Dans la troisième partie de mes notes, concernant les Papilionacées, le premier livre sera divisé en autant d'articles que d'espèces sont à examiner.

Chacun des articles sera rédigé conformément au plan suivant.

Dans une première question sera exécutée l'identification préparatoire de l'espèce. Ceci sera exécuté par le moyen d'historiques citations et références détaillées dans la mesure où il sera nécessaire.

La question suivante donnera les remarques que j'aurai exécutées sur l'espèce. Ce seront des observations bien naïvement exposées sur des points généraux, sur le périonte (1), sur l'aspect de la plante, enfin sur diverses particularités de la structure extérieure ou anatomique.

Enfin la troisième question aura pour objet la définition de l'espèce. Cela se fera par la détermination de son aire de répartition édaphique et géographique, par l'établissement de critères diagnostiques relatifs tant à l'allure d'ensemble qu'à la morphologie la plus délicate, enfin par un résumé général devant fournir idée aussi exacte que possible de l'espèce.

Les parties IV et V de mes notes auront leur premier livre conçu absolument de semblable façon. Seulement les articles qui le composeront seront consacrés non plus à une seule espèce mais à des groupes de valeur hiérarchique plus élevée.

§ V

Toutes ces études directes des objets de la nature ne doivent être exécutées sinon par une vraie prise en contact de la part du sujet avec la nature.

Et par là, il s'impose à mes yeux au chercheur que le travail soit exécuté uniquement en conformité avec les indications que donne la nature elle-même.

Le pauvre esprit de l'homme est trop abandonné au milieu de l'insondable complexité des phénomènes naturels pour qu'il puisse aisément s'y reconnaître. La science progresse plus ordinairement en aveugle et à tâtons. Elle progresse cependant. Mais ses progrès sont beaucoup plus apparents que réels, je crois. Si l'on parle seulement au sujet des portées théoriques

---

(1) Du grec « περιοντος » (en allemand : « *Mittel* »). On m'excusera bien si l'on veut ce néologisme ; le terme milieu étant à mon gré insuffisant pour exprimer une organisation complexe et ne devant être à mon idée conservé pour définir des substances physiques précises. Le terme relativiste de « continu » est impropre ici également. (Cf. *allemand : Umwelt.*)

bien entendu. Les découvertes effectuées ont souvent un caractère d'isolement. Les théories que l'on bâtit hâtivement; elles sont fugaces et renversées à chaque découverte nouvelle.

Ce qu'il faut, je pense, est une grande patience dans l'édification des thèses et, au contraire beaucoup de méthode dans l'observation.

La méditation intérieure sur la connexion et l'union de toutes les choses, cela est à mes yeux le moyen d'acquérir le savoir. Comprendre combien il est de forces et d'objets célés pour les sens humains; accumuler en silence des faits qui appartiennent bien à la nature avec le moins possible d'intervention artificielle. Silencieusement.

§ VI

Lorsque je vois traiter avec brutalité les êtres vivants par de savants biologues qui veulent leur arracher leurs secrets, j'ai l'impression, je dois l'avouer, que leur prétention est illégitime, et leur méthode fausse. Cette seule connaissance intuitive suffirait à me porter à réprouver semblables agissements. Mais en réalité, je crois que ma conviction est en vérité fondée en raison.

Je veux citer des cas tangibles pour mieux me faire saisir. Voici une personne qui s'empare d'une plante, la place dans un pot, l'enferme sous une cloche avec une grosse dose d'un produit chimique, voulant voir ce qui résultera. Celui-ci prend un chien vivant, l'ouvre et détruit un de ses organes, ou les déplace, également afin de voir ce que pourra advenir. Donc, ces manières-là de faire, je tiens pour assuré que, sont fâcheuses.

Certes, le savoir leur doit la plupart des progrès qui ont été faits jusqu'à présent. C'est ainsi qu'ont été connues les fonctions chlorophylliennes et la stimulation psychique de la sécrétion gastrique. Je dis cependant : je crois généralement fâcheuses ces expériences.

Elles donnent des résultats remarquables parfois; mais il n'est pas certain que leur valeur soit si grande portée comme il paraît. Au delà de ces résultats immédiats, elles ne fournissent aucun enseignement. Elles donnent lieu à des connaissances fragmentaires et irrationnelles, je crois que leur qualité scientifique définitive est niable. Elles trouvent application immédiate dans la thérapeutique ou l'industrie; momentanément. Elles ne permettent pas d'édifier un système scientifique pour les expliquer sagement.

J'ai la conviction qu'actions si arbitraires sont peu valables. Peut-être serait-il possible d'y substituer des mouvements coordonnés. Elles paraissent un peu résultat de vues trop matérielles, c'est-à-dire étroites et irréfléchies. Je trouve qu'il leur faut céder le pas aux conceptions irréfragables de l'intelligence des savants. Ceux-ci sentent certainement opportun de s'aventurer dans le domaine que je crois dangereux pour la beauté des travaux effectifs. Avant que l'on ne soit guidé avec certitude par un fil conducteur de raison.

Or j'ai expliqué pourquoi je croyais que la seule science était celle des faits. C'est donc aux faits proposés par la nature qu'il convient de se référer d'abord. Et c'est en eux que l'on doit trouver les procédés à adopter pour des expériences éventuelles.

§ VII

Dans le domaine physico-chimique, on peut sans contrainte, je pense, se livrer à toutes les fantaisies expérimentales suggérées par l'idée d'un moment. Je crois en effet que c'est là agir selon la nature même. L'on place en présence deux individualités de même ordre : des forces physiques ou chimiques. Ces forces réagissent selon leur nature, c'est-à-dire selon la nature. Le savant observe la résultante des actions. Tout peut être considéré comme conforme à l'ordre.

Et cependant cela ne prouve point qu'un jour ne viendra où l'on sera amené à des travaux plus subtilement conduits.

Mais tout au moins dans l'enceinte biologique, il ne peut jamais, à mon avis, être agi justement de cette sorte. Mon opinion est que les deux opérations *in vivo et in vitro* sont radicalement séparées. Veut-on analyser les substances constitutives d'un être vivant? Que l'on recueille les produits et certains organes des cadavres animaux ou végétaux, rien de mieux sans doute. Mais dès que l'on veut s'attaquer à la vie même, c'est à des procédés de vie et non pas de mort que je trouve qu'il convient de s'en confier. Un médecin qui déduit de connaissances scientifiques isolées un régime alimentaire pour son malade ne fait pas bien. S'il induit le régime de son expérience empirique sur l'effet des aliments, il va à coup sûr.

M'est avis que l'inappréciable complexité d'une plante en vie, dont on veut étudier la physiologie, enfermée dans la brute monolithique d'une cloche de verre est une chose qui choque un sens intérieur. Je dis donc qu'il faut opérer à la manière de la nature. A la vie opposer la vie, ou bien ce dont elle est faite.

Si l'on place sous une cloche une plante pour étudier l'influence de cette plante sur le gaz enfermé dans la cloche, je considère alors que cela est admissible, car l'incarcération d'un gaz dans le verre est conforme à la nature.

Et pour savoir ces choses, c'est dans la nature même que, respectueusement, il faut se borner à observer. Et lorsque beaucoup de faits le sont alors on peut remonter petit à petit aux causes en expérimentant sagement. Par exemple, on analysera la substance non d'un organisme, mais de son milieu. On modifiera peu à peu (et d'après les conseils résultant des réflexions provoquées par la vue des choses telles qu'elles sont) ce milieu : par exemple, on fera que les lapins qui s'ébattent dans leur périonte normal n'y rencontrent qu'une seule des plantes qu'ils ont coutume d'absorber. On s'arrangera pour que la quantité d'eau ou d'azote d'un sol soit légèrement différente au pied d'une certaine plante, ou bien elle sera protégée du vent. Et d'une manière pareille pour autres objets.

Je sais bien que par cette méthode la science avancera sans rapidité. Je sais qu'aucun résultat d'ensemble ne sera acquis de longtemps.

Du moins agira-t-on selon la nature. Il n'y aura pas de fausses généralisations. On passera sûrement du particulier au général et suivant une allure positive où nulle contestation ne pourra trouver place.

§ VIII

Des motifs semblables montrent que l'emploi d'outils et d'intermédiaires d'examen ne doivent pas être employés avec légèreté.

Chaque fois qu'il est nécessité de faire emploi d'un instrument physique, il me semble nécessaire d'appliquer toute attention à définir dans quelles conditions il se trouve placé; il faut réfléchir à la constitution exacte de l'appareil et avoir présent à l'esprit l'ensemble de toutes les causes d'erreurs possibles, introduites par son emploi, dans l'allure des phénomènes à constater.

Les instruments d'optique ont le rôle majeur dans les révélations que l'homme cherche de la structure cosmique, les microscopes et les lunettes d'approche. Voilà que ces instruments sont établis d'une façon qui glorifie fort leurs constructeurs et cependant leur imperfection est manifeste. Aussi n'est-il pas bon d'écrire que telle particularité existe sur telle planète et dans telle cellule. Mais est nécessaire de sous-entendre qu'elles montrent ces particularités lorsqu'elles sont examinées par appareils dont on donne la structure.

La micrographie est particulièrement propre à faire errer. Parce que les objets dont elle permet l'étude ne se révèlent généralement qu'après avoir été soumis de multiples et énergiques traitements. Il ne faut donc pas attribuer à l'échantillon initial toutes les paricularités qui se relèvent en lui après l'application de ces traitements. Car l'on ne sait pas dans quelle mesure ceux-ci ne sont pas pour cause dans leur parution. Et au contraire, les cellules vivantes ont, sans aucun doute, (vu la spécialisation et la variété de leurs actions) une structure complexe qui n'est perceptible à aucun moyen actuel d'investigation.

D'ailleurs, des travaux de cette sorte ne doivent pas, à mon avis, accaparer trop exclusivement le chercheur. Car il semble que ce devrait être nuisible à son équilibre psychologique et de nature à lui faire oublier toute l'ampleur des phénomènes organiques et la place exacte que possèdent les particularités microscopiques.

§ IX

Je ne vois qu'un moyen qui permette d'aboutir par des procédés physiques à la connaissance de faits précis du monde matériel. C'est de les convertir en phénomènes mesurables.

Or, il me semble que les mesures ne peuvent s'effectuer que dans deux ordres d'essence : le temps et l'espace; ramener les phénomènes à comparer à des manifestations chroniques ou spatiales, voilà, je crois, quel doit être le but des établissements d'instruments. Des étalons précis de grandeur linéaire et d'isochronisme laissant mesurer avec exactitude les juxtapositions spatiales ou les intervalles de durée.

§ X

Le travailleur qui le peut, devra constituer un poste complet et toujours prêt du matériel qui peut être nécessaire à l'exécution de ses recherches... Définissant le plan de celles-ci, il doit déduire le plan rationnel de son laboratoire. Suivant la voie du travail naturel et de son inspiration, il trouvera alors toujours sous sa main et dans un enchaînement normal ce dont il a besoin.

Les observations qui nécessitent l'emploi d'un appareillage un peu compliqué et diverses opérations préparatoires ne doivent, il me semble, être exécutées que lorsqu'il est tout à fait utile.

Il me semble nécessaire d'avoir en mémoire, toujours quels sont les facteurs possibles de tromperie.

A mon sens, ils sont de deux sortes, les uns provenant des faits observés, les autres de la pensée de l'observateur.

Dans la première catégorie est-il lieu de distinguer plusieurs éléments. Un premier groupe renferme les erreurs dues à la nature des faits eux-mêmes. Ici est-ce cas de diviser encore deux points. Car certaines erreurs proviennent de l'objet d'observation lui-même. Les autres de ces objets qui les entourent. Or, pour chacune de ces séries, l'on peut voir que les erreurs peuvent provenir de l'espace (nombre de faits étudiés) ou du temps (particularité d'un fait à un moment), ou de la combinaison de l'espace et du temps (non simultanéité de l'observation des divers faits à un moment).

Un second groupe d'erreurs dues aux réalités objectives est formée par celles qui dérivent de l'emploi des instruments d'observation. On ne peut alors faire division de ce groupe sinon en autant de catégories qu'il existe de manipulations diverses et d'intermédiaires instruments entre les sens et les objets d'études.

Je me borne à citer les instruments d'optique et mécaniques ainsi que toutes les manipulations où se trouvent les sujets examinés soumis à influences thermiques, électriques, dynamiques, et, comme susceptibles de fausser énormément les résultats cherchés. Chaque fois donc que l'on est contraint de faire emploi de moyens semblables, tout doit être soigneusement pesé avant que l'on tire conclusion des examens.

Enfin viennent les erreurs de réflexion de la part de l'observateur. Ce sont les plus dangereuses car les plus malaisées à déceler. Je ne parle pas évidemment d'un manque de sens logique dans les déductions, mais des multitudes d'influences internes plus ou moins inconscientes que le chercheur subit en lui-même pour la définition initiale de ce qu'il voit.

Pour remédier aux erreurs possibles de provenance semblable, il faut faire usage de la méthode suivante. Supprimer la suggestion du psychisme en n'ayant aucune opinion sur les faits avant de les avoir examinés. Supprimer la suggestion des faits en ne les interprétant qu'après avoir recommencé plusieurs fois l'expérience et, si possible, à l'aide d'un manuel expérimentateur ne connaissant pas les premiers résultats.

Il faut aussi qu'il ne confie rien de ses travaux et de leur mise en action à sa mémoire. Les résultats scientifiques qu'il recherche ne doivent point être subordonnés à des défaillances cérébrales possibles. Il me paraît nécessaire que le chercheur crée tout un système d'enregistrement immédiat de ses actes et trouvailles. Et répertoire lui permettant de se retrouver automatiquement en eux.

Voici par exemple un modèle de bordereau de travail pourvu de coupons destinés à accompagner les échantillons matériels servant au travail. (Fig. 1). Tandis que sur la feuille sont inscrites toutes les manipulations et leurs résultats. Semblables feuilles peuvent passer successivement de service en service selon les observations nécessaires, et demeurent finalement pour l'édification des notes qu'elles donnent sujet de publier.

§ XI

Les matériaux sur lesquels porte le travail ont généralement besoin d'être ensemble et conservés à demeure.

La collection envisagée comme outil de travail me paraît chose rigoureusement nécessaire.

Même le chercheur qui, dans un esprit très louable, borne son champ d'action à une portion de la terre très petite, aura besoin de comparer ce qu'il y trouve avec des objets venus d'ailleurs, s'il veut se faire une idée de leur vraie valeur.

En tout cas il est nécessaire de conserver, cela est évident, les objets

T. mod. 1

P. DE RIENCOURT DE LONGPRÉ — Recherches coordonnées d'Histoire naturelle

N° T .....

I		P. DE RIENCOURT T ......, I
II		P. DE RIENCOURT T ......, II
III		P. DE RIENCOURT T ......, III
IV		P. DE RIENCOURT T ......, IV
V		P. DE RIENCOURT T V

Fig. 1

que l'on découvre, afin de pouvoir ultérieurement leur en comparer d'autres et les voir, ce qu'aucune description ne remplace.

Cette conservation est toujours fatigante, généralement malaisée, et quelquefois impossible. Il existe des objets organiques qu'il est inutile d'essayer de garder dans un état voisin de la nature. D'ailleurs l'on ne peut exiger d'un être, dont la structure n'est compatible qu'avec un état de vie, de la conserver dans la mort. Les seules collections biologiques vraies sont les jardins zoologiques et botaniques.

La collection est un outil; il est heureux de lui donner un aspect qui plaît aux yeux; mais son but, c'est d'aider à travailler. Je ne m'étendrai point sur les détails de la confection d'un herbier, je citerai toutefois peut-être quelques pratiques qui me semblent d'un usage commode.

Il importe d'abord que la collection soit classée soigneusement. Puis on peut s'ingénier à la munir de repères bien choisis qui facilitent beaucoup parmi elles les recherches. C'est surtout dans les herbes que les recherches sont surtout malaisées. Je pense que l'on doit agir ainsi qu'il est accoutumé et enseigné dans plusieurs livres.

§ XII

Quoi qu'il en soit sur ces points, je pense que ce dont il faut surtout bien se souvenir est que, en la mesure où cela est compatible avec la nature des recherches, on doit chercher à les exécuter dans la nature même, *in vivo*.

Une des facilités matérielles que le naturaliste devrait chercher à se procurer serait un moyen de transport pratique lui permettant de circuler partout avec sécurité et en compagnie des objets utiles à ses études. Pour les transports par eau et les études ayant objets marins, lacustres ou fluviales le problème est assez aisé à résoudre. Il suffit d'aménager selon le besoin un petit bateau. Pour la circulation terrestre, il n'existe aucun appareil prévu pour les besoins des travailleurs. Dès l'âge de dix ou onze ans je sentais combien il serait nécessaire de donner une solution à ce besoin, et je m'arrêtai à la conception d'un petit train routier. Aujourd'hui encore je crois que cette solution serait la meilleure. Il faudrait trouver un appareil se mouvant non sur des roues, mais sur des pattes. Or les matériaux présentement utilisés ne permettent point de réaliser chose semblable. Un pareil train devra donc se borner à circuler dans des chemins ou sur un sol consistant. Dans l'appendice qui suit je donne avec plus de détails l'exposé de mon idée.

Dans une sphère plus modeste, le chercheur robuste trouvera dans ses propres jambes le moyen d'aller travailler en contact et union avec la nature. Pourvu d'une solide canne et d'une gibecière contenant le minimum de ses instruments de travail, il pourra aller loin des habitations goûter l'incomparable bonheur de la contemplation et du travail pieux.

§ XIII

L'étude que je fais des Papilionacées ne ressemble en quoi que ce soit à celle du spécialiste savant qui étudie un groupe d'une manière complète, qui accumule un énorme matériel d'études qui connaît par cœur toutes les formes de la terre. Qui s'attache à la connaissance intime de son objet.

Je n'envisage que le nombre restreint des espèces gracieuses de nos climats. Je ne les regarde point non plus dans un esprit aigu; je jette sur elles un regard de contemplation, et je laisse voguer, mais d'une manière dirigée, mon esprit sur des méditations dont leur extérieur est le seul objet. Toutes je peux les rencontrer dans une nature que je connais. Je cherche à être un peu plus leur ami, à pénétrer naïvement dans leur petite sphère.

Et bien j'agis ainsi parce que je crois que cela est dans cette manière qu'il faut observer.

Il importe avant tout que le naturaliste aspire en son esprit, sans relâche, l'intégrité d'allure des choses du monde. Il doit se fondre dans la nature.

Il est nécessaire qu'il fasse continuellement des exercices mentaux dans ce sens. Se détacher des futilités de l'existence et se pénétrer de l'absolu.

Cela ne semblera pas de suite utile. Mais un travail caché s'opérera dans son équilibre physique. Et lorsque beaucoup de temps aura passé l'activité et l'ampleur de son intelligence se seront beaucoup accrues.

Dans l'étude brutale d'un phénomène chimique, par exemple, il faut regarder sans discontinuité le souvenir général de tout l'équilibre de l'univers.

Je dirai aussi que l'étude des faits physiques doit être faite en compagnie de quelques études psychiques. Parce que l'esprit d'équilibre de l'esprit des chercheurs a besoin d'osciller entre des pôles extrêmes pour se situer au bon vouloir qu'il faut.

Le raisonnement n'est que rarement utilisable dans l'étude de la physique. C'est l'empirisme qui doit y servire de large base.

Et sur ces observations, il faudra établir, non une théorie belle d'apparence mais sans fondement. Seulement des hypothèses provoquées par des faits constatés et aussi nombreuses, et aussi dissociées que leur solidité le nécessitera. C'est une expresion compréhensive de tout qui est à trouver. Et alors peu à peu et beaucoup plus tard, en progressant avec sécurité cette expression se resserrera. Ce qui est l'objet d'une seconde phase mineure du labeur.

APPENDICE

Train d'études individuel :

Qualités nécessaires

I. — Nature du train

1) Plusieurs voitures pour tenir lieu d'une grosse roulotte qui : *a)* est
contraire à l'esthétique; *b)* ne peut utiliser que de larges voies.

2) Voitures basses pour pouvoir circuler sous des arbres.

3) Voitures étroites pour pouvoir employer des chemins exigus.

4) Voitures courtes et à court rayon de braquage pour leur permettre
de tourner facilement partout.

II. — Nécessité d'équipement

A) Force motrice.

1) Locomoteur marchant à l'électricité pour qu'il possède la souplesse
voulue.

2) Moteur thermique indépendant assurant la production d'électricité
nécessaire à la progression du train et divers emplois.

1). Présence de batteries-tampons d'accumulation électrique entre la
source d'électricité générale et chacune de ses applications. Celle d'où
dépend le mouvement du train permettant à la machine d'accomplir indé-
pendamment une vingtaine de kilomètres.

2) Indépendance de toutes les roues des voitures du train, montées
chacune sur un axe court solidaire d'un pivot indépendant fixé à la caisse
de la voiture afin que les chocs reçus par chaque roue n'aient pas de
répercussion sur la roue qui est en face directement, afin de permettre au
train de circuler par les plus mauvais passages. Chacun des pivots sera
monté sur la caisse par l'intermédiaire d'une glissière dont il ne dépendra
que par l'intermédiaire de deux ressorts antagonistes (pistons pneumatiques
de pres.), en outre un levier pourvu d'un ressort de réaction amortira le
choc.

3) La voiture motrice sera munie d'autant de moteurs électriques que
de roues. Solidaires de leur axe, lequel sera monté sur pivots et ressorts
comme il est dit ci-dessus, mais équilibrés en tenant compte de la présence

12

du moteur. Il pourra y avoir plusieurs, ou toutes les voitures motrices; la commande de l'ensemble ayant lieu de celle de tête.

4) La commande de la direction de la voiture motrice sera faite par un volant de diamètre assez grand monté sur un axe vertical, celui-ci relié à la barre du braquage selon la construction usitée dans les voitures automobiles. La relation entre le locomoteur et les voitures devra être telle que le mécanisme d'accrochage constitue en même temps une commande mécanique du braquage des roues des voitures conçue de telle sorte que la voie tracée par la machine soit suivie très exactement par chacune des voitures. Toutes ces liaisons seront toutefois pourvues de ressorts durs intercalaires (hydrauliques) afin d'éviter une rigidité dangereuse.

5) Toutes les roues du train seront pourvues d'un frein agissant simultanément sous l'action d'un mécanisme individuel de chaque voiture; l'ensemble en étant commandé de la voiture motrice à laquelle ils sont liés par des transmissions souples. (Système électrique, ou mieux pneumatique.)

III. — Type d'installation du train

I. — Voiture motrice :

a) puissante batterie d'accumulateurs (à étudier : légèreté maximale de la batterie).

b) moteur.

c) réunion de tous les organes de commande dans une cabine confortable en liaison au châssis par une suspension ultra-souple.

II. — Voiture laboratoire :

a) source lumineuse électrique.

b) source calorifique électrique.

c) appareillage pratique.

III. — Voiture lectrice.

Appareillage pour la récolte et la conservation d'animaux, plantes, (vivants, en liquide, desséchés) et minéraux.

IV. — Voiture atelier :

a) moteur thermique principal.

b) batterie et servo-moteurs divers (pompe à eau, pompe à air, ensemble d'éclairage et chauffage du train).
c) petit atelier de mécanique.

V. — Voiture magasin :
a) provision de matériel (substance source d'énergie, lubrifiants, pièces de rechange, réservoir d'eau, etc.)
b) provision de ménage.

VI. — Voiture vestiaire :
a) Lit chauffé électriquement
b) effets personnels.

VII. — Voiture cabinet :
a) Bibliothèque
b) objets de bureau
c) divers instruments de travail.

Longueur à prévoir à l'ensemble du train . . . . 18 m. »

Largeur. . . . . 1 m. 50

Hauteur totale au-dessus du sol . . . . 1 m. 70

Roues motrices, diam. (court p. gd dévelop. de puissance) . . . . 0 m. 50
Bandage des roues : rigide et adhérent (à étudier).
Prévoir roues motrices auxiliaires à plusieurs voitures.

Chapitre VI.

De l'action — Définition.

§ I

L'esprit qui déjà a observé un certain nombre d'objets dans le champ des études qu'il s'est choisi ne tarde pas à vouloir entrer en activité.

Effectivement, au cours des remarques qu'il opère, il est rapidement frappé par certains faits. Ceux-ci sont en relation avec l'objet de l'intérêt de l'individu. Puisque celui-ci a librement choisi les limites de ses études en conformité avec son idéal, ou bien qu'il a été amené à le sarrêter sous la suggestion de la curiosité aiguisée spécialement par un problème pour lui extrêmement intrigant. C'est pourquoi ces faits déclanchent aussitôt dans l'âme ce besoin de s'appliquer à un travail à leur sujet, besoin dont la nature est cherchée au quatrième chapitre, dans le livre qui précède.

Deux mouvements et deux seulement, peuvent alors être ceux de l'esprit. L'un est celui de l'analyse. Le second est de nature synthétisante.

Le premier cas est celui dans lequel l'âme se trouvant en possession pleine d'un objet défini, elle cherche dans l'intérieur de ses limites à le pénétrer mieux afin de prendre plus profondément conscience de lui-même et de posséder le plus possible sa nature intime.

Voici des exemples de productions dont la nature est analytique. La poésie dans laquelle l'auteur essaye d'exprimer tous les détails d'un visage qui l'enthousiasme. Une peinture : où le pinceau essaie de détailler tout ce dont l'objet est connu, mais moins que ne le voudrait le chercheur qui la réalise.

§ II

Cependant l'analyse ne crée point. Car si l'esprit fait succéder une production à son analyse, ce n'est point dire que la production est le résultat de l'analyse.

Elle en est le fruit.

Mais ceci uniquement parce que l'auteur réunit par une synthèse les éléments qu'il est arrivé à séparer, grâce à son attention, dans le cercle de son sujet. Ce n'est pas par un mot, une teinte, un qualificatif de détail que le poète, le savant, le peintre ont exprimé leur labeur. C'est pour la réunion renouvelée de tous les détails qu'ils y ont reconnu.

Il serait au reste contraire à la logique qu'il en fût autrement. La création est une construction. L'analyse est une dissociation.

La synthèse donc, qu'elle soit ou non précédée d'une analyse, sera le seul objet de l'action créatrice.

§ III

Celle-ci est due, on le voit, à l'édification d'un tout limité à partir de ses éléments constitutifs. Ceux-ci étant donnés, le travail consiste à produire en eux une disposition raisonnable qui les organise et en forme un être un, complet, si possible, qui est neuf. La propriété essentielle de cet objet est que, au lieu de former un amas complexe de particules, il devient un agrégat logique dont le fondement est sa compréhensibilité adéquate par un esprit humain.

Lorsque l'élargissement ainsi constitué par un esprit dans ses vues ne se borne pas à être la rénovation d'une idée qui existait au préalable quoique avec moins de profondeur, elle revêt l'aspect d'une progression réelle de l'âme. Car celle-ci cherche à s'emparer, pour faire siennes, de tout un ensemble de réalités dont elle forme une réalité unique qui lui devient immédiatement conceptible en même temps que satisfaisante à son jugement.

C'est ce qui arrive par exemple dès qu'un psychologue institue avec la connaissance qu'il a de plusieurs esprits, une action composante des directions de leurs vues mêlées. C'est surtout le but que poursuit le savant quand il réunit plusieurs faits particuliers dans l'expression d'une hypothèse générale. Et également, c'est l'objet de l'artiste idéaliste qui prend dans plusieurs objets les éléments d'une œuvre plus conforme aux vues de son idéal.

§ IV

Dans chacun de ces cas il est une création à proprement parler. Il faut bien noter ce qu'elle est objectivement. Cette réunion de faits élémentaires en un total n'est point le fait du hasard. Elle répond à une idée préconçue, et plus ou moins explicitement définie par l'auteur. Ce dont il est question est donc de disposer avec raison les constituants de l'ensemble.

Or, cette disposition, qui doit être en relation complète avec les données immédiates de la conscience, est une recherche de les situer de la manière susceptible de faire mieux saisir leurs rapports.

Ces rapports sont, par exemple, rapports d'égalité, ou, au contraire, rapports de dépendance.

L'objet de l'action spirituelle est donc toujours un fait destiné à figurer un ensemble de détails, dans toutes leurs relations et avec leurs valeurs relatives, selon la manière où l'esprit le conçoit.

Et cette subordination, cette interdépendance, ou cette égale liberté qu'elle fait saillir en eux n'est autre qu'une hiérarchisation en rapport avec les lois universelles de la matière, de la vie et de l'esprit.

C'est ainsi que je crois pouvoir affirmer que toute production normale de l'esprit est un essai de classification de faits en conformité avec la nature des choses.

§ V

Chaque travailleur, que ce soit explicitement ou non, juge que toute recherche doit être subordonnée à telle manière d'étudier la nature.

Etant donné la prééminence que j'essaye de montrer comme devant être attribuée à la classification, dans toute science, je crois admettre que c'est à elle que l'on devra essayer d'apporter un tribut. De tout manière, c'est à elle que l'on arrivera. Les recherches si variées des physiciens ont fini par aboutir à classer des longueurs d'onde. Pourquoi ne pas commencer par entrevoir cette fin, et se laisser guider par les besoins qu'elle provoque?

Que l'on cherche les affinités des corps pour les classer; que l'on étudie les organes les plus intimes et les fonctions physiologiques des organismes pour les classer.

Au point de vue absolu et général, une classification est engendrée par le désir que l'esprit se forme de mettre un ordre simple dans ce qu'il voit pour le comprendre aisément. Certes ce but est purement utilitaire. C'est un moyen non une fin.

Et cependant la classification est l'objet unique que se proposent d'atteindre beaucoup de savants hommes.

C'est que la taxonomie ne se borne pas à être une base pour les études. Elle en est un but; elle en est le seul but.

Toujours, au fond de toutes les recherches, la connaissance des affinités des choses se montre but final. La physique n'est sinon la recherche des valeurs respectives de la chaleur et de l'électricité ou la lumière. Quel but possède l'astronomie autre que de déterminer la place de notre planète dans l'univers? Enfin, l'anatomie et la physiologie n'aboutissent qu'à trouver des caractères nouveaux de classifications chez les êtres vivants. Et je crois que la classification, seule fin du savoir, c'est la science.

Mais, cette classification à sens élevé, but de l'esprit humain, se distingue de la primitive. Elles sont toutes deux voisines en fait parce que l'on ne dispose que de pareils moyens pour les construire. En outre dans l'essence, elles ne diffèrent pas, étant toutes deux produites par l'esprit à la recherche de compréhension. Mais entre elles; au contraire, des dissemblances de nature se manifestent. Autrefois, les naturalistes le distinguaient : les premières étaient les *systèmes*, les secondes les *méthodes*.

Le système sert à reconnaître; la méthode à connaître. Celle-ci est bâtie sur l'expérience aidée du raisonnement; celui-là doit s'appuyer sur le témoignage immédiat des sens. Comme j'essaierai de le faire voir plus tard, le système cherche des points commodes de séparation; trouver les liens logiques qui apparentent les corps est l'objet de la méthode. Celui-là est un désir pratique de l'esprit curieux. Celle-ci répond à la soif de vérité et de droiture qui inspire le plus noble de l'âme.

§ VI

Ayant à traiter tout à l'heure des procédés de réalisation de l'œuvre scientifique il me faudra étudier les qualités, cependant, des classifications artificielles et pratiques. Mais, ici où la discussion porte sur la nature essentielle du travail, il est visible que leur objet est sans rapport avec celle-ci, ce pourquoi je les laisse aussitôt de côté.

Ce qui est indispensable à l'esprit de cette classification, indéterminée et applicable à tout qui est la fin de tout labeur spirituel, c'est moins une certaine clarté logique pour l'esprit que sa superposabilité la plus adéquate aux objets pris en eux-mêmes.

Aussi chaque travailleur sincère n'a d'autre recherche que de traduire de son mieux la nature, sinon toujours dans sa forme, dans son essence au moins. Et logiquement le but de ces travaux est d'obtenir une classification naturelle.

La classification naturelle est l'expression provisoire, « élémentale » sous forme d'idées de l'univers créé.

Le seul mode possible pour l'atteindre est assurément de se baser sur la nature même et de se fier aux enseignements de l'expérience dans l'ordre des faits.

Cette base établie, il est manifeste que la satisfaction complète de l'âme, en ce domaine, demanderait l'obtention d'une classification universelle. Celle-ci représentant la nature dans son intégrité et traduisant tout ce qui la compose.

§ VII

L'on connaît que dans l'état où nous nous trouvons, l'univers ne peut se manifester à nous qu'au moyen de deux facteurs, qui sont le temps et l'étendue. Le monde matériel est inconceptible en tant qu'inétendu. Son évolution nécessite le temps. Le domaine spirituel est également soumis à celui-ci.

Ceci suffit immédiatement à prouver que la classification universelle est impossible. En effet, l'univers possède trois dimensions plus une pour le temps. En outre le temps est fatalement nécessaire à l'esprit pour prendre connaissance de chaque élément représenté dans la classification, même si ces objets doivent être saisis comme étant naturellement simultanés. C'est dire que la classification, pour rendre compte de la nature des choses, devrait être établie en relation avec un système de cinq dimensions coordonnées. Ce qui apparaît comme opération complètement impraticable en ce monde, malgré que l'homme possède cinq sens dont la vue qui permet d'apprécier l'étendue dans deux directions rectangulaires.

Du reste, cette taxonomie complète ne serait pas moins compliquée que l'univers même dont elle serait l'exacte projection. Elle ne répondrait donc nullement au besoin de nos sens qui éprouvent le désir de la classer uniquement parce qu'ils ne savent le *comprendre* directement.

C'est pourquoi il ne faut point tenter d'autres classifications que celles qui seront délibérément partielles.

§ VIII

Déjà il sera nécessaire de séparer la fonction temps de celle de l'espace.

Or si, dans certains cas, tels que l'édification de pièces musicales le temps seul est important, il arrive le plus souvent qu'il l'est moins que l'étendue sensible. Celle-ci, en effet, nous ménage l'assurance de l'existence d' « êtres » et nous garantit leur concours limité et un. Celui-là ne nous montre généralement que des mouvements et modifications dans ces personnages et nous sommes portés à attribuer aux dimensions de l'espace la qualité déterminative de l'essence des choses.

C'est pourquoi, nous conformant à cette vue de l'instinct phychologique, il me paraît que la classification devra s'attribuer, avant tout, à faire saisir les rapports extratemporanés des êtres mêmes. Et l'on se réservera pour l'avenir, comme en une sorte d'appendice, d'en faire saisir les évolutions dans le temps.

Je sais à coup sûr que ces négligences conscientes et voulues sont déplorables infiniment. Mais, hélas! La petitesse de la nature humaine impose l'usage de moyens médiocres et peu consolants. Il est obligatoire de s'y soumettre.

Et dans l'étude simple des êtres, cependant, l'on ne pourra encore satisfaire à l'expression de la nature. Car les liens à présenter ensemble sont trop nombreux. Et aucun procédé de reproduction accessible à nos sens ne peut les faire voir en même temps.

Ainsi, si un artiste veut manifester qu'un certain objet doit être subordonné à tel autre, cela l'oblige fatalement à le représenter avec moins de détails, et quoique son intention soit juste, à le faire connaître injustement moins que celui qu'il compte lui imposer comme chef. Quand un savant veut représenter les liens qui unissent deux corps, cela l'oblige à passer à ce moment là sous silence les liaisons qu'ils peuvent présenter avec d'autres corps, tandis qu'il serait indispensable que l'esprit saisisse le tout en même temps...

§ IX

Toutefois quoique imparfait le rangement des êtres n'en est pas moins réalisable.

Le mode qui en paraît le plus simple est justement celui qui se baserait sur leur liaison dans l'espace, physiquement.

Sa base est une notion de contact qui est acquise par la perception elle-même des rapports spartiaux ainsi qu'une compréhension de hiérarchie dynamique.

Elle manifeste des relations comme celles-ci : La terre est plus voisine du soleil que ne l'est Jupiter, — la lune est plus proche d'elle-même que toute autre planète, — la Champagne est moins élevée que les Alpes, — elle n'est pas contiguë à la mer, — la craie s'y trouve en abondance, — telle plante y croît, — telle chenille vit sur cette plante, — tel ichneumon pond sur cette chenille, — tel microbe tue cet ichneumon.

Cette méthode est adoptée par les psychologues dans les romans ou le théâtre ainsi que dans certaines sciences descriptives : l'astronomie, la géographie.

Le procédé employé consiste à passer concentriquement du complexe au simple par voie de contiguïté. On va de l'univers à la particule d'atôme en rangeant indéfiniment les constituants dans les constitués.

Agir de cette manière en psychologie est, il me semble, peu juste. Car, en général, ce rangement permet mal de faire saisir les structures réelles de l'esprit. Je parlerai de cela tout à l'heure.

Au contraire, cet usage est extrêmement légitime dans certaines sciences dont l'objet est relativement simple et doit être borné à des comparaisons somatiques. C'est par exemple le cas de l'astronomie, ou bien à des relations de simultanéité comme dans la géologie.

Pour moi, c'est la méthode que j'adopterai dans le cycle second de ces notes, afin de rendre compte des aspects de la végétation.

§ X

On se rend compte, malgré cela, que cette manière de classer ne possède pas une justesse très complète en toutes choses.

Il est visible qu'elle éclaire des rapprochements qui sont très superficiels et parfois contingents. Elle néglige des relations intimes très réelles.

De là provient l'idée que la classification pouvait être envisagée autrement et de tenir compte, non plus de la situation des objets, mais de leur nature propre.

Cette pensée nait d'une notion innée d'analogie de substance que possède l'esprit.

Elle procède en sens inverse de la précédente. Car elle marche du simple au complexe, rangeant les constitués d'après leurs constituants.

Les rapprochements que cette méthode permet de sentir sont comme ceux-ci, par exemple : le chlorure de mercure et le chlorure d'or sont voisins parce qu'ils contiennent tous les deux du chlore et qu'enfin l'or et le mercure ont certainement dans leur constitution *anatomique* beaucoup d'éléments communs.

Cette méthode est celle des sciences chimiques. J'en ferai usage dans quelques notes que j'aurai à fournir dans la sixième partie de ces travaux relativement à cette science.

§ XI

Cependant on est obligé de convenir que cette conception n'est point encore suffisante pour répondre aux besoins de l'esprit. Elle est complètement injustifiées, en particulier, dans l'étude des organismes. Les analyses quantitatives des matériaux moléculaires qui les édifient ne rendent jamais compte de la nature spéciale que l'esprit discerne appartenir à chacun d'eux.

Au contraire, l'âme perçoit des rapprochements qui existent foncièrement, semble-t-il, dans le tableau de la nature. Et ces relations n'entrent pas dans la substance des choses mais sont édifiées sur leurs conformations et comportements.

La base de cette méthode est un principe d'unité que l'esprit croit voir appliqué dans la nature et le conduit à tenir pour unies toutes les formes qui les constituent.

C'est de cette manière qu'agissent les naturalistes lorsqu'ils déterminent des « familles naturelles » entre les organismes. C'est ainsi encore que les chimistes ont pu établir des « fonctions » ainsi que des groupes dans les éléments : soufre — sélénium — tellure —; chlore — brome — iode — fluor — etc.

Il semble bien que, la classification ainsi comprise correspond enfin à l'essence réelle des choses. Elle paraît vraiment l'expression de l'Univers pour la faculté universelle pensante et c'est par elle que le Sens se manifeste aux esprits humains.

En réalité, elle laisse de côté bien d'autres relations non moins réelles. Du moins est-ce la plus parfaite qu'il soit donné d'exécuter. C'est à celle-là que je m'attacherai surtout. C'est d'elle que je ferai emploi au cours des cycles III, IV, V, et partiellement VI de mes notes.

§ XII

Ce qui est cause principale d'empêchement à la réalisation d'une classification parfaite, c'est l'existence d'objets ayant une unité propre, emboîtés au sein les uns des autres. Par exemple : organisme composé de : cellules, composé de : matière, alors que les individualités organismes cellules et matière se réfèrent à des bases de nature différentes.

Malgré cela, en acceptant de ne pas réaliser une expression simultanée de toutes leurs qualités on peut arriver à manifester l'ensemble de ces relations dont la nature manifeste également des points de contact.

La nomenclature, final objectif des sciences, est d'une difficulté de réalisation énorme, à la manière dont je la conçois.

Elle cherche à révéler l'aspect vrai de la nature en observant toutes ses forces. Le travail qu'il faut effectuer pour acquérir les connaissances que nécessite son édification est véritablement gigantesque.

Cet objet de la vraie science est le plus noble qui soit. Beaucoup parmi les pensées de la philosophie sont bien moins élevées. C'est bien contre moi que j'entends parler ici. Car ma nature s'abandonne volontiers à des cogitations complaisantes. Et je suis impuissant à étudier la vraie profondeur des faits.

Je comprends que les vrais savants regrettent de voir les idéologues s'emparer de leurs découvertes, dont la valeur est mal comprise par eux pour en tirer des conclusions peu assises. Le savant se permet rarement des considérations philosophique. Il sait sa vraie ignorance et son mérite immense est de traduire uniquement le fruit de ses constatations.

§ XIII

C'est peut-être la science la plus captivante que celle qui recherche les affinités des êtres.

Je ne crains pas de dire donc, que c'est aussi le plus difficile.

La cosmographie, la chimie, la physiologie, en elles-mêmes sont assurément des sciences qui demandent de grands travaux. Leur étude fait entrer en jeu un outillage fort compliqué et dont l'usage demande l'habitude dûe à une ardeur patiente. Les faits à interpréter, pouvant être perçus par les sens, sont souvent délicats, ténus et volontiers inducteurs de tromperie.

Mais, malgré tout cela, il reste vrai que, dans ces études, il est suivi une marche simple, tendant vers un but défini et perceptible : la terre tourne-t-elle autour du soleil ou le soleil tourne-t-il autour de la terre La lumière a-t-elle un poids ou n'en a-t-elle pas? Le pigment rouge des algues Floridées est-il nécessaire à leur existence ou ne l'est-il pas?

La classification des êtres procède tout différemment. L'auteur part des conclusions préalables; la conscription des espèces. Il s'agit alors de les mélanger à nouveau, puis d'ordonner le tout. Quand il est question de quatre ou cinq espèces, la chose est simple relativement. Quand il faut en ranger mille et que la difficulté croît en progression géométrique on peut penser que ce n'est pas là petit ouvrage. Chaque fois que celui qui travaille désire voir plus clair, et que, pour cela, il cherche à s'appuyer sur des caractères nouveaux, il est à peu près certain de voir son travail renversé. Là où étaient des affinités il découvre un grand éloignement; et réciproquement. En prenant d'autres caractères c'est un nouvel ordre encore qui s'impose.

Est-ce dire ainsi avec M. de Buffon que toute classification est vaine et impossible? Ce n'est certes pas mon opinion, mais il est facile de comprendre que la difficulté en est énorme car le nombre de rangements possible esst égal au produit du nombre d'espèces par le nombre de caractères à invoquer.

Il reste à l'intelligence de l'auteur de choisir dans ce nombre inimaginable quel est celui qui doit être choisi.

Pour cela est nécessaire : *a)* que son esprit ait la puissance voulue pour se figurer simultanément toutes ces combinaisons ; *b*) que son jugement rigoureux et infiniment subtil sache distinguer dans des nuances à peine sensibles quel est l'unique arrangement qui soit le moins imparfait.

De plus, il est bien clair que, chaque fois que la science découvre de nouveaux caractères, tout est à reprendre. Ceci revient ainsi à dire que, probablement, jamais la classification ne sera intangible.

Nous ne saurions avoir trop de reconnaissance et d'admiration pour les grands auteurs dont l'intelligence de génie nous a acquis les fondements d'une classification méthodique.

§ XIV

Je vais dans un instant chercher le procédé propre à réaliser au mieux chacun des moyens de classification dont j'ai parlé. J'essayerai alors de pénétrer dans la substance même de chacun des objets qu'ils se proposent respectivement.

Je ne saurais toutefois terminer cet article préparatoire sans entreprendre de poser les bases générales de ce qu'il y a de commun à eux tous dans leur procès logique de réalisation.

Il est assurément peu raisonnable de vouloir fixer à priori un système de classification. Mais davantage encore, il est insuffisant de classer sans autre réflexion d'après les faits qui se présentent.

Il convient, au contraire, de tirer de ces faits les lois qu'il est possible de discerner dans leur direction, et de s'élever de là à des considérations sur les cas généraux ou typiques qui permettent de reprendre les travaux à coup sûr.

C'est pourquoi je m'en vais, dès maintenant, attaquer de front les sens intimes de l'univers matériel pour établir d'une façon définitive quels sont les principes irréductibles à la science actuelle avec lesquels il faut compter pour édifier toute classification, de quelque sorte qu'elle soit .

J'ai recherché ces principes, je tiens à le spécifier, par des observations expérimentales très nombreuses et très diverses. Si j'avais agi autrement, du reste, mon travail n'aurait aucun sens.

Cependant, et malgré que cela soit peu conforme à ma méthode, je prends le parti de ne pas faire subir au lecteur la suite des déductions nombreuses, et souvent très laborieuses, qu'il m'a fallu exécuter. J'éprouve, en effet, que ce chapitre, très long, est suffisamment fastidieux tel qu'il est, pour que je ne veuille pas y introduire encore une série de détails dont la synthétisation demanderait un grand nombre de paragraphes.

Je feindrai donc de me jouer avec aisance dans une déduction *a priori*, née de pures spéculations.

§ XV

Le monde qui entoure l'homme n'est connu de lui que par les sens. A la suite d'expériences répétées, de contrôles et de jugemnts, il arrive à faire de lui l'idée qu'il est un objet extérieur et possédant une substance propre.

D'autre part, la matière possède une autre qualité dans la conscience que l'esprit acquiert de son existence. C'est cette qualité qui a fait écrire cette préface et dont elle est l'objet premier. Je veux parler du fait, étudié dans les quatre premiers chapitres du livre qui précède, que l'âme n'acquiert pas facilement une connaissance de formes, mais leur discerne une propriété d'expression. Propriété qui n'existe que pour elle-même et dont je ne veux pas chercher ici si elle est extrinsèque simplement ou non.

Donc, dans la matière sensible à nous, deux catégories irréductibles de propriétés existent. Une valeur uniquement spirituelle; ensuite un ensemble de qualités objectives.

Celle-là est infiniment plus simple que celle-ci. Elle est aussi plus ignorée. Je me débarrasserai d'abord de son analyse.

§ XVI

Le nombre des formes est extrêmement grand. Or, il est très remarquable que le nombre de « caractères » traduits par leurs aspects est fort restreint. C'est donc que toutes les diversités extérieures se laissent ramener facilement à quelques catégories d'expressions.

Afin de pouvoir chercher celles-ci par déduction, je veux définir la nature de ces expressions. Et je vois qu'elles sont la semblance d'esprit qu'elles renferment.

Or c'est notre esprit à nous qui reconnaît leur apparence. Il juge donc d'après ce qui est en lui.

Chaque âme est un être autonome qui a l'expression d'être libre de ses actions et d'agir à sa guise. Ainsi bien déjà trouvons-nous dans l'expression de toute forme la traduction d'une volonté personnelle.

Mais encore, toute âme possède une forme particulière, native, qui est inséparable de son individualité, mais pour laquelle elle n'est rien. De là, un second élément facilement perceptible dans l'allure de la matière, un caractère défini, objectif et paraissant imposé, à la forme qui l'exprime, par un désir indépendant d'elle-même.

Je résumerai ces deux faits en disant qu'il existe, pour les formes matérielles, une expression d'*état*, et une de *tendance*.

L'expression de tendance ne saurait exister sinon en degrés de plus ou de moins. Il y a *volonté*, ou bien il y a absence de volonté; d'autres éléments ne peuvent être cherchés dans ce phénomène.

Au contraire, l'expression d'état est mutiple.

D'une part, en effet, la notion ressentie possède un caractère quantitatif. Elle renferme alors deux catégories d'expressions. Celles concernant l'objet considéré pris en soi-même; puis celles relatives à cet objet idéal plus compréhensif.

Les premières pourrraient être désignées par un terme définissant une idée de *complexité*.

Les secondes dérivent de la notion de *grandeur*.

En outre, l'état expressif de la matière possède des propriétés qualitatives. Celles-ci expriment le caractère sensible des rapports entre les individus considérés de leur extérieur. En effet, ou il semble n'y avoir que peu de liens entre les uns et les autres, ou bien il paraît en exister.

Mais le cas est bien différent selon l'origine de cette relation. Il peut s'agir de la *liberté*, de l'individualité dans un milieu supposé.

Si l'on considère ce milieu, on verra, au contraire, s'il y a *amour* de celle-là pour lui.

Nous obtenons ainsi les catégories primaires possibles d'expression suivantes :

<table>
<tr><td>Volonté</td><td>Abandon</td></tr>
<tr><td>Complexité</td><td>Simplicité</td></tr>
<tr><td>Grandeur</td><td>Petitesse</td></tr>
</table>

Aisance   Aliénation

Amour (donation)   Personnalité

Et je crois que ces dix termes sont nécessaires et suffisants pour traduire *toutes* les expressions possibles d'un spectacle quelconque.

Le plus souvent il suffirait de combiner ces mots deux à deux. Mais, on peut, et on doit fréquemment, établir des combinaisons ternaires, quaternaires. Au nombre déjà important de octante dans le premier cas, elles se trouveront alors portées à une quantité considérable qui est évidemment plus grande que celle des nuances d'expressions que nous sommes à même de définir.

Je donnerai quelques exemples de la *composition* foncière des caractères, par l'emploi de ces seuls termes.

Exemples : Expression de :

Bonté = volonté + amour.
Bassesse = abandon + petitesse.
Effort = volonté + aliénation.
Majesté = grandeur + simplicité.
Délicatesse (1) = complexité + (petitesse) + amour.
Exubérance = abandon + aisance.
Elégance = volonté + complexité + (petitesse).
Fierté = grandeur + personnalité.
Tranquillité = grandeur + aisance.
Elévation = volonté + grandeur.
Grâce = abandon + amour.
Noblesse = grandeur + amour.
Méchanceté = volonté + personnalité.
Puissance = (abandon) + grandeur.
Dédain = (petitesse + volonté) + complexité + personnalité.
Grossièreté = simplicité + (grandeur) + personnalité.
Faiblesse = (volonté) + petitesse.

Il me semble ainsi que toutes les traductions que l'on donne aux sentiments évoqués en l'âme par la contemplation de la nature ne sont que des composés des éléments que j'ai définis.

(1) Au sens figuré de délicatesse psychique.

Je crois donc que c'est en se servant de ceux-ci que l'on pourra établir les formules que nous devons chercKer à établir.

§ XVII

La création doit être envisagée, maintenant, sous le jour objectif de ses qualités matérielles. Elle apparaît d'abord comme inéluctablement liée à deux notions de temps et d'espace.

Ce sont là les données particularisatrices qui nous imposent le plus leur existence. Il est impossible d'imaginer aucune chose en dehors de l'espace, et sans que cette pensée ait une durée. Mais, également, c'est par ces coordonnées que l'on peut fixer toute chose, de manière suffisante pour la définir entièrement, et que rien de ce qui est référé à elle puisse être confondu avec autre chose.

Tout *espace* est défini par trois coordonnées orthogonales auxquelles peuvent être attribuées les noms de :

       Largeur (ou longueur).
       Profondeur (ou largeur).
       Hauteur (ou profondeur).

Et sur lesquelles des lignes égales sont prises comme unité.

Le *temps* est homogène et peut probablement être considéré comme pourvu d'une seule dimension dans tout ce qui est rapporté à nous. Il n'en serait pas sûrement ainsi pour des esprits plus compréhensifs. Le temps est mesuré par les phases d'un mouvement périodique.

Un *mouvement* est le changement de situation d'un point matériel par rapport aux coordonnées spatiales en fonction du temps.

La *stabilité* est le cas où un corps reste dans les mêmes relations de distance avec ces coordonnées dans le cours de la durée.

Le temps est donc nécessaire pour manifester la mobilité d'un corps. Il est démontré que, dans le monde physique, aucun déplacement ne peut s'effectuer instantanément. Il est impossible d'abstraire l'étendue des corps car ce serait supprimer tout ce qui les constitue. Au contraire, on peut imaginer le temps supprimé. Cela permet d'examiner ce corps à un *moment* de son être, comme s'il était figé dans un état absolu.

Et toutes les propriétés des corps que nous allons maintenant chercher, seront considérées extemporanément; leur combinaison avec le temps étant ce qui forme les phénomènes complexes de la réalité.

§ XVIII

Imaginons un être matériel, quel qu'il soit. Du courant électrique ou bien une cathédrale. Il faut tout de suite être arrêté, m'est avis, par cette pensée essentielle d'objets définis que nous construisons.

Nous décrivons par un mot toute figure du monde extérieur. Cela implique que nous voyons en elle une entité dont l'autonomie est implicitement comparée à celle que nous nous sentons posséder. Le courant électrique auquel l'on pense, la cathédrale qui est évoquée sont représentés comme des objets en soi auxquels rien n'est à ajouter ou à retrancher.

En réalité, les faits objectifs sont complètement différents. Le courant électrique est inséparable du fil qui le conduit. La limite entre ce qui est évidemment partie de la cathédrale et ce qui lui est étranger, comme certains des matériaux des fondations, comme les petites herbes qui poussent dans les interstices de mortier qui avaient contribué à servir de joints aux assises et que, depuis, le vent a entraînées bien loin, tout cela, dis-je, est bien malaisé à définir physiquement.

De même si l'on choisit n'importe quel être, on se rendra compte que les mots le débordent ou sont débordés par la nature vraie. C'est pourquoi je crois connaître que la *notion d'unité*, qui nous fait appliquer une *individualité* à tout objet est née de notre esprit même et non de l'expérience des choses extérieures.

Malgré tout, on doit comprendre qu'il est impossible de se dégager de cette manière de concevoir les limites matérielles. Et il faut accepter d'appliquer à la Nature les unités que l'âme veut trouver en elle.

Les unités *a* ou A appartiennent à trois catégories.

Tantôt ce sont des abstractions. Ce qu'elles défigurent est un concept et n'a pas de correspondant réel dans le monde. C'est ce qui se trouve lorsque l'on traite, par exemple des « espèces » de corps, des « associations » d'organismes, de paramètres, etc.

Dans autres cas au contraire, ces individualités désignent un objet visiblement caractérisé par la nature elle-même. Comme cela sera en parlant d'un corps, d'un organe, d'un nombre donné. Car dans ces cas, il y a abstraction de la part de l'esprit, mais non construction.

Enfin, il arrivera que l'individualité dont on parle soit une collection plus ou moins fortuite dont on ait arrêté les limites arbitrairement pour la commodité du travail. C'est ce qui arrive par exemple si on décide d'étudier un terrain sur une surface donnée, d'étudier un tronc d'arbre jusqu'à tel rang donné de ramification, etc.

De là on tire qu'il y a plusieurs espèces d'individualités.

L'individualité peut posséder, comme on le voit, des différences spécifiques, selon la nature de ce qui la détermine.

En outre, il est à définir des degrés variés de ce que j'oserai appeler la concentration de personnalité pour chacune d'elles.

§ XIX

En examinant le monde, on aperçoit que, si loin que l'on divise — de fait ou par la pensée — toute individualité, on aboutit toujours à une individualité, d'ordre inférieur mais à laquelle l'esprit confère toujours une qualité d'être personnel. De là l'axiome sera proposé par moi : que toute individualité matérielle est constituée d'individualités matérielles et contribue elle-même à constituer une individualité plus compréhensive.

Or le rapport qui unit les individualités constituantes en une individualité supérieure est absolument nécessaire à un moment défini. Mais ce rapport est purement juxtaposition et n'implique pas que leur nature est conditionnée par leur liaison. Une des pierres de la cathédrale ne saurait être considérée comme ne constituant pas la cathédrale. Pourtant la nature de la pierre est seulement d'être pierre et non de servir à ériger des églises.

Tout ceci étant précisé, on peut représenter selon moi, le principe d'unité nécessaire à la classification de la façon suivante :

$$A = a^1 + a^2 + \ldots\ldots a^n$$

où A représente une unité d'ordre $A >$ ordre a et a une des unités composantes de A.

§ XX

Je viens de poser, somme toute, que l'individualité d'ordre supérieur est le pur résultat de la somme d'individualités d'ordre inférieur.

Or cela est notoirement exact lorsque l'on agit dans le sens que j'ai adopté, je veux dire quand l'on veut construire une unité plus grande avec des unités plus petites. Il s'agit effectivement, étant donnée une de celles-ci de se demander combien d'autres unités de même catégorie doivent lui être ajoutées pour passer à la première individualité qui soit plus amplexive.

Mais il est assurément une autre façon de considérer la question. C'est précisément lorsque l'on marche dans le sens inverse. Soit lorsque partant d'un objectif défini on veut descendre à un degré d'unité dont il soit compréhensif.

Il semblera que ce que j'exprime ainsi, peut-être, ne saurait être basé que sur d'insoutenables arguties. Je vais essayer de m'expliquer. Lorsque l'observateur a sous le sens une unité a_a une autre $a_b..a_n$ il possède encore en quelque sorte par là même, la connaissance du produit de toutes ces composantes. Au contraire, s'il est donné à un homme une unité A qu'il est chargé de décomposer, d'après ce qu'il trouve en elle, en autres unités d'ordre a, il arrivera à un résultat qui peut ne point coïncider avec le point de départ du précédent. En effet, dans ce second cas, le chercheur n'a d'autres données que les résultantes des éléments constructeurs de l'individualité qu'il considère. Il ne peut donc que se baser sur des caractères généraux, synthétisés, *propres à la nature spéciale* acquise par la grandeur A et dont les qualités contenues dans les dimensions " peuvent ne rien donner à prévoir.

Afin de commenter cette idée, je veux l'éclairer d'un exemple grossier. Soit à donner quelques planchettes toutes taillées à un ouvrier pour qu'il monte leur ensemble en une boîte. Cet ouvrier connaît dès lors comment sera la boîte qu'il va faire, ses dimensions. Offrons une boîte formée d'un assemblage de planchettes à un philosophe en le priant de définir les constituants de cette boîte. Il la divisera aussitôt en six parties : deux horizontales, l'une fondamentale au fond, une supérieure accessoire (couvercle), puis quatre parties latérales nécessaires constituant les côtés; et cependant il ne s'inquiétera pas du nombre réel de pièces de bois qui sont entrées dans la construction de l'objet.

La première conception est un travail de l'esprit guidé complètement par la nature de l'objet extérieur. La seconde est un procédé spirituel où l'élément objectif n'intervient qu'à titre de base. Celle-là, synthétique, fait la part des nécessités physiques, fortuites selon l'objet. Celle-ci, analytique, est établie par les propriétés décisives de la raison sans égards pour les hasards matériels.

L'objet de la science est uniquement d'amener à faire coïncider, sur un sujet, par la connaissance que l'on en possède, ces deux points de vue.

C'est pourquoi, ainsi que l'expérience le prouve à chaque instant, dans le travail du classificateur, il faut poser la nécessité d'établir, en chaque principe texonomique, deux points de vue. Celui de *juxtaposition* et de *composition*.

Pour éclaircir mieux cette distinction des deux positions de l'esprit je prendrai un nouvel exemple. Car elle repose sur un discernement subtil de l'âme, et je n'arrive pas sans difficulté à le traduire.

Soit une chambre ou appartement, avec ses tentures et son mobilier. Je dis que selon que l'on déplacera, ou que l'on enlèvera les objets *juxtaposés* de cette chambre, cette chambre restera cependant toujours dans son être, semblable à elle-même. C'est-à-dire :

$$(A) \text{ indépendant de } (a + b + c \ldots\ldots + n) \tag{1}$$

Mais maintenant, je puis envisager l'appartement limité par la chambre, comme formé de tous les éléments qui y sont contenus. Car je sais bien que, une fois déplacé le fauteuil, une fois déplacé le lit, une fois supprimés les rideaux, cette chambre, malgré que ses dimensions géométriques soient pareilles, malgré l'invariance de ses coordonnées géographiques, que l'individualité de cette chambre a changé. Parce que les objets qui la *composent* ont été changés. Donc :

$$(A) = (a) \ (b) \ (c) \ldots\ldots (n) \tag{2}$$

Dans le cas (1) on a envisagé les choses dans leur essence. On les a *abstraites* de leurs concomitants; une séparation de l'esprit, qui est toujours un peu arbitraire, a été effectuée sur elles.

Dans le cas (2) on s'est référé à l'intégrité du tout, c'est-à-dire à une individualité. Par parenthèse, il est entendu que celle-ci est elle-même arbitrairement distinguée; car toutes les « unités » que l'homme forme sont toujours en partie artificielles. Le cas (2) concerne un élément entier, insécable.

En résumé, je poserai comme suit la définition discriminative des deux côtés des choses. Cependant je tiens à dire qu'elle est grossière et qu'elle ne rend pas compte de certaines subtilités que je renonce à exprimer. *Le point de vue de juxtaposition est celui selon lequel on reconnaît des éléments définis d'ordre inférieur pour constituer un élément d'ordre supérieur; le point de vue de la composition permet de connaître de quels éléments d'ordre inférieur est composé un élément d'ordre supérieur.*

Je ne puis ici encore, montrer comment sous toutes choses, ces deux modes se retrouvent. Dans le cas le plus simple, ils se confondent. Mais ce n'est guère que dans l'abstraction mathématique que la concordance a lieu exactement. Par exemple :

$$1 + 1 + 1 + 1 + 1 = 5 <+>$$
$$5 = 1 \ (5) < : >$$

Cela arrive ainsi pour la *symétrie*, comme on le verra ci-dessous.

§ XXI

Certaines des relations qui sont perçues entre les diverses modalités des êtres sont de nature quantitatives, les autres dépendent des qualités particulières de ces êtres. Nous étudierons les premières d'abord.

J'ai toujours eu une grande aversion pour ces deux adjectifs que l'on emploie généralement par opposition : « quantitatif » et « qualitatif ». Ce grand usage que l'on fait d'eux parallèlement semble impliquer qu'il leur est attribué des applications à des notions homologues. Comme l'on ferait en opposant : carpelle — étamine; acide — base; méchant — vertueux. Or il est évident que pareille assimilation est complètement fausse. Il s'agit de deux ordres de faits qui se nécessitent l'un l'autre et sont confondus dans la réalité. Les quantités sont relatives à des corps qui se manifestent par des qualités. Et toutes les qualités sont réparties en certaines quantités. Et la quantité n'est rien autre chose qu'une qualité.

On dit que certaines choses sont mesurables et d'autres point. Celà, hélas! est vrai pratiquement. Ce n'est, tout jugement le sent bien, aucunement une raison pour faire un départ de principes entre ce que l'homme sait déterminer avec exactitude, et ce pourquoi il ne peut actuellement le faire.

Aussi, je crois que le sens qui est attribué à ces expressions plutôt vicieuses détient une autre signification. Ce qui est quantitatif, c'est l'analyse et la fraction des unités considérées. Ce sont là des formes à rattacher au problème que je viens de toucher au paragraphe précédent. Ce que j'entendrai par « qualité », c'est l'homologue subjectif qui peut être rapporté à la notion de « juxtaposition ».

La quantité est essentiellement numérique. C'est alors le résultat d'une notion intérieure dont j'ai parlé. Lorsqu'elle se réfère à l'idée de pure juxtaposition, on obtient le concept de *Nombre*.

Si on rattache à l'étude de la composition, on arrive, je crois, à celui de *relation numérique* (proportion, *mesure* d'un tout par division arbitraire).

Mais aussi, la quantité doit être souvent considérée, non plus en soi et isolément, mais comme dépendante d'une essence considérée particulièrement et dont la mesure n'est pas comprise dans celle de la quantité étudiée. On peut dire alors que celle-ci est prise en fonction d'un *paramètre hétérogène*.

Si on examine la chose au point de vue de la juxtaposition et en se plaçant à l'égard de l'espace, on obtient une idée que l'on peut appeler par exemple le *sociabilité*. C'est-à-dire la quantité d'espace occupée par un un nombre *a* d'individus (démographie).

Vue relativement à la composition et toujours relativement à l'espace naît la pensée de *densité*. C'est-à-dire la quantité de matière contenue dans une unité *a* d'espace.

Il est peut-être remarquable qu'une relation soit discernable entre la fonction « expression spirituelle » et les fonctions numériques que je viens de définir.

On notera en effet que le nombre absolu $<+>$ définit le degré de *simplicité* ou de *composition*.

Le nombre $<:>$ définissant l'expression peut être rattaché à l'esprit d'*amour* ou d'*égoïsme*.

La proportion $<+>$ détermine la *grandeur*.

La proportion $<:>$ rappelle le degré de *liberté*.

§ XXII

Ces questions, on le voit, se rapportent aux qualités matérielles étudié
sans s'attacher le moins du monde à ce qu'elles peuvent avoir de personn
Les données *qualitatives*, à mon sens, ne sont autre chose que les prin
pes capables de nous éclairer en tenant compte de la « composition »
leur substance.

Les qualités matérielles des êtres de l'univers sont si nombreuses q
l'on est perdu en elles au premier examen. Après avoir examiné un tr
grand nombre de faits sous toutes les faces où mon esprit ait pu les im
giner, je suis arrivé à me convaincre, cependant, qu'elles pourraient êt
synthétisées comme suit.

En premier lieu, là encore, il existe un domaine qui est de l'appartenan
propre de l'esprit. Je pourrais nommer *qualités mathématiques* les propri
tés qui en dépendent. Par elles je veux désigner le fait que nous attribuo
à une forme quelconque une valeur tirée de « l'organisation » qu'e
semble présenter. L'homme tient en bien moindre considération ce qu'il
dénommé « amorphe » que ce en quoi il découvre des points de repè
qui frappent son esprit. C'est à ces relations selon la pensée que je ve
donc faire allusion ici.

Dans le sens de la juxtaposition, on découvre un degré d'organisatic
plus ou moins grand dans la constitution morphologique de l'ensemble,
peut-être, l'on peut appeler cela, selon l'esprit, des *liaisons formelles*.

Sous le jour de la composition, c'est un degré de particularité plus
moins grand qui est présenté par la forme générale de l'objet d'après
présence de mensurations définies et se répétant suivant un ordre défi
reconnaissables en elle : chose que l'on range habituellement dans l
diverses classes de la symétrie.

Les formes en elles-mêmes, assurément, ont une qualité. Je les appel
formes tout simplement lorsque l'on cherche à les rapprocher par juxtap
sition.

Je leur applique le nom de *composition linéaire* en étudiant la comp
sition.

Enfin, la substance même de la matière revêt un très grand nombr d'aspects qualitatifs. L'analyse de sa « composition » fournit en effet la montre de toutes les *propriétés chimiques* dont les études comparées permettent de « juxtaposer » à nouveau les éléments composants. Ce sont là des propriétés diverses selon nos sens, que les progrès de la science permettront bientôt sans doute de rapporter à des lois.

Enfin les corps vivants sont doués d'une propriété qui leur est propre et qui est *la vie*. Cette vie, composition de forces, pourra sans doute un jour être rapportée à une énergie plus générale et présente dans toute la matière. Actuellement du moins il faut la ranger à part. Et cela est justifié d'ailleurs lorsque, examinant encore ce phénomène sous le point de la composition on voit la capacité d'une de ces *individualité vitales* à « composer » un certain nombre d'autres individualités par un étrange *pouvoir générateur*.

Quoi qu'il en soit, ces considérations sont extrêmement mal exprimées, et, d'autre part, assez abondantes pour qu'il soit peu aisé de se les représenter à la fois. La nécessité de le faire cependant pour comprendre la suite de cet ouvrage me conduit à les résumer dans le petit tableau que voici et où on pourra les embrasser facilement.

RÉSUMÉ : TABLEAU

DES ÉLÉMENTS IRRÉDUCTIBLES NÉCESSAIRES

A UNE CLASSIFICATION UNIVERSELLE

Eléments objectifs

			mouvement
Fonction Espace ..... {	largeur. longueur. profondeur.		
1. — Notion spirituelle d'Unité $(A_n = a_0 + a_b + \ldots\ldots + a_n)$			
2. — Notion de Quantité (Juxtaposition)	(Absolue) ..... {	$+ A =$ nombre $: A =$ proportions numériques	Fonction Temps
	(Relative) ..... {	$: A =$ densité $+ A =$ sociabilité	
3. — Expérience de Qualités (Composition)	Mathématiques . {	$: A =$ symétries $+ A =$ liaisons formelles	
	Morphologiques.. {	$: A =$ composition linéaire $+ A =$ forme propre	
	Substantielles — Matérielles {	$+ A =$ constitution chimique $: A =$ propriétés chimiques	
	Substantielles — Biotiques {	$+ A =$ individualité vitale $: A =$ pouvoir générateur	

N. B. J'ai employé ici le signe (:) pour indiquer les éléments de *composition* et le signe (+) pour séparer ceux de *juxtaposition*.

Appendice : Les forces, essence inconnue.

§ XXIII

Je crois donc qu'il est possible de prétendre que les principes que je viens d'exposer sont les seuls qui soient nécessaires à fixer pour créer une classification universelle.

Je vais tout à l'heure chercher à édifier la méthode de celle-ci, en partant de cette base. Auparavant, je crois utile de montrer par des exemples comment j'entends que les notions visées suffisent à définir tout objet. Je vais prendre ainsi que je l'ai fait pour les *impressions* des *choses sensibles quelconques* et je ferai remarquer que ces notions affectées d'une *caractéristique* quelconque sont pourtant suffisantes à les traduire.

Je me garde cependant de prendre des objets extrêmement compliqués tels que : un mammifère ou une locomotive. On comprend suffisamment ce qui est vrai pour une partie serait vrai pour le tout puisque une simple addition de ces parties rencontrerait ce tout *en principe*. On entend bien en effet, que je ne table ici, que sur des questions purement rationnelles que l'on essayera de mettre en pratique plus loin.

Feuille de papier = individualité + longueur $_a$ × largeur $_b$ × épaisseur $_c$ + (mouvement vibratoire ou « couleur du papier », fonction de temps, équation connue) $_d$ densité $_e$ forme propre $_f$ (rectangle) constitution chimique $_g$ (cellulose).

Intestin de vertébré = individualité A | longueur $_a$ × (largeur $_b$ épaisseur $_c$ (diamètre) | forme propre $_e$ (cylindrique) juxtaposée en une forme $_d$ (déterminées par les relations spatiales dans le corps d'individualité a >A > A | composée d'individualités $_a$ (cellules) × n = forme (ensemble) $_a$ (membrane, détermination) | longueur $_a$ × largeur $_{2\pi\frac{1}{2}b}$ épaisseur $_f$ | composition linéaire $_g$ (lisse) | densité $_h$ mouvement $_i$ (couleur id.) | constitution chimique $_{j+k+1+m}$ | pouvoir générateur $_{o+p}$ (diastases, etc.).

Cellule intestinatle a = individualité a (longueur × largeur × hauteur) en mouvement (accroissement) de composition chimique $_{o+p+q}$ | forme propre $_m$ | densité $_n$ | sociabilité $_b$ (adhérence aux autres cellules) | pouvoir générateur $_a$ (une individualité a' par x temps) | composant l'intestin A (voir ci-dessus) | individualité vitale composée de individualités x (granules) en nombre $_d$ | densité $_{n}$' | mouvement ($_a$, direction, amplitude (espace, temps)

| propriétés chimiques o' + une individualité β (noyau) | de forme | composition, etc.

Cristal de quartz = individualité a (longueur $\times$ largeur²) — composition chimique b (SiO²) | forme propre c | densité d | symétrie e (sénaire) |, etc.

Bourgeon d'arbre s'épanouissant = Individualité A [composant $\times$ nombre a + nombre b — individualité A (racines, rameaux) une individualité ⍺ (plante)], de largeur c² $\times$ longueur d | composé de | individualités a (écailles) $\times$ nombre e | en liaisons f (disposition spirales : équation de la spirale) | de la forme propre g | symétrie h (bilatérale) | à mouvement i (périodique, couleur brune des écailles) | mouvement k (croissante : défini en longueur, largeur, épaisseur) | sociabilité l (écailles pressées les unes sur les autres) fonction du mouvement k (sociabilité décroissante : les écailles se desserrent) | composition linéaire m (villosité de la page interne des écailles), etc.

§ XXIV

On se rend aisément compte que, si ces procédés sont capables de traduire toutes les qualités propres à un être défini, ils sont en revanche extrêmement difficile à appliquer en raison du nombre d'objets qu'ils obligent à préciser chaque fois que l'on veut y parvenir.

Aussi, quoique posant en principe la nécessité de leurs ensembles, certaines formules revenant à tout moment, on conviendra logiquement d'adopter des figures abrégées ayant puissance de représentation très vaste. C'est ainsi que les mathématiciens font des lettres algébriques représentant de longues fonctions.

J'établirai pour mon compte, un certain nombre d'abréviations de cette sorte dans les articles qui suivent et se rapportent à des cas spéciaux. Mais ici il faut déjà, je le sens, exprimer quelques-unes des conventions générales que j'ai cru devoir adopter.

Les notions d'espace et de temps ne peuvent être supprimées ni abrégées par rien.

Je désigne l'espace, en général par la lettre grecque e pour préciser les trois dimenisons, je détermine chacune respectivement par les lettres : ε, μ, υ. Ces lettres sont les initiales des mots : ευρῦς, μακρός, ὑψιλός

Par convention ϵ désigne toujours la dimension de l'axe de figure, ou bien le sens où elle est la plus vaste; υ est appliqué à la direction de la verticale pour un observateur, quand cela est possible; μ se rapporte alors à l'axe du rayon visuel de celui-ci.

Sur une surface de révolution courbe prise comme base de mensuration (cas de la surface d'une planète) υ est la perpendiculaire à cette surface supposée lisse, même alors qu'elle serait très éloignée d'êtres perpendiculaires aux autres axes.

Le temps est désigné par la lettre $\mathcal{X}_\lambda$; on comprend que c'est l'initiale du mot : Χρόνος

Le mouvement est défini en direction, en durée par la combinaison de ces facteurs. A supposer le cas d'un mouvement uniforme, le quotient

$$\frac{\epsilon}{\chi} = \text{égale la vitesse de ce mouvement.}$$

Pratiquement la lettre δ (que j'ai adoptée pour désigner le mouvement) suivie d'un indice pourra être employée pour marquer un *ordre de grandeur* de vitesse.

Je parlerai plus tard du mouvement périodique. La lettre δ indiquera également, par elle seule, *qu'il y a* mouvement.

§ XXV

Les données que j'ai énumérées ont pour but d'être absolues, et aussi objectives que possible. Mais dans notre monde, nous sommes trop limités pour pouvoir rester perpétuellement dans ces hauteurs. Il est nécessaire de figurer brièvement les éléments qui donnent communément appui à ces observations.

C'est d'abord notre globe terrestre. Il peut être représenté par une formule représentant ses dimensions, ses propriétés physiques, sa composition chimique et les lois mécaniques auxquelles il est soumis. J'aurais voulu ici pouvoir établir cette formule avant de poser l'abréviation destinée à la représenter. Il me manque cependant certaines connaissances qui m'empêchent de le dire avec exactitude. Je préfère à cause de cela la laisser entièrement de côté. Cette formule simplifiée naturellement serait cependant assez longue. La Terre étant le substrat de presque tout ce que

considère la science, il faut chercher à prendre un symbole bref de cette formule. C'est pourquoi, celle-ci étant imaginée comme étant :
f (a b c) : j'écris : (a b c) $=$ δ.

Le signe δ des astronomes sera donc défini comme le symbole adéquat de la terre. Et son emploi impliquera l'objet de la terre avec tout ce qui lui est propre.

La mensuration à la surface de la terre sera faite en *grades*, selon les directions ε (longitude) et μ (latitude). On dira : ε (δ) 50,04 | μ (δ) | 5,35 afin de représenter un point du globe à partir du méridien de Greenwich. (En certains endroits j'ai dû me servir du méridien de Paris), d'une part, et de l'Equateur d'autre part. υ (δ) représente l'altitude.

§ XXVI

A la surface de la terre certains matériaux ont une importance prépondérante. Je parle en cela de quatre éléments dont j'ai essayé de réhabiliter la conformité à la nature dans le livre II de cet ouvrage.

La croûte terrestre substrat de la vie humaine et de la majorité des objets qu'elle porte à notre connaissance, présente une valeur indéniable d'unité. Je la désigne par la majuscule Γ. Sa composition, sa contexture, sa densité sont représentées par des indices généraux que je définirai plus tard. Bref, la seule lettre Γ, dans mon système, signifie le sol dans tout ce qu'il peut être, d'un endroit dont il est question.

L'eau, liquide typique de δ, réceptacle et températeur solvant universel est l'élément dont la réalité s'impose ensuite. Le physicien qui a étudié l'osmose ou le pH, le chimiste moderne, savent mieux encore que le profane tel que je suis, quelle valeur personnelle autre que quantitative il est légitime d'attribuer à l'eau. Je représente ce corps par la lettre Υ.

L'atmosphère terrestre vient ensuite. Son rôle est plus effacé que celui des éléments précédents et que le suivant. Il est impossible néanmoins de nier son importance, son unité. L'air pour moi est défini par la lettre A.

De l'eau *courante*, du *vent*, ce serait alors Υ δ ₓ, A δ ₓ, ou x indique la valeur de δ [1] si besoin est.

Vient ensuite le quatrième élément le feu. Il est bien moins aisé à comprendre que les autres. Après réflexion, il devient clair cependant que le phénomène combustion, radiation calorico-lumineuse est un complexus entier dont l'action ne doit pas être séparée au point de vue élémentaire f (δ).

C'est du moins l'appréciation que j'ai commentée précédemment. Le feu que l'on considère, c'est généralement un développement de chaleur et de luminosité provoqué par le voisinage d'une source enflammée. Plus souvent encore, dans l'étude de la nature ce feu n'est autre que le soleil. C'est pourquoi je désigne cet élément par la lettre H (1).

A ces quatre éléments, il est nécessaire à mon avis d'ajouter l'électricité. Elle ne doit pas être élevée sur le même pied, mais son effet peut être comparé à celui du feu en importance, et, dans l'inconnaissance de sa nature, il est obligatoire de lui réserver une désignation particulière. Dans ce sens, la lettre E représentera dans mon système l'électricité en tant que charge électrique, force électromotrice. Cela ne désignera pas la matière électrique qui semble être formée de corpuscules physiques.

§ XXVII

Enfin, l'usage pratique de la classification, nécessitait une base plus anthropocentrique encore. Nos organes ne distinguent pas au même titre diverses propriétés homologues. Certaines leur sont spécialement accessibles, à l'exclusion d'autres, et quoique de nature dissemblable. Or, il est le plus souvent nécessaire de s'attacher aux propriétés organoleptiques de la matière en négligeant ses autres qualités intrinsèques.

Il est bien entendu que cela ne sera point pour empêcher que l'on utilise les formules générales se rapportant à ces propriétés lorsqu'il sera question de les traiter en elles-mêmes et conjointement à des radiations ou effets inaccessibles aux organes de l'homme.

Je sens d'ailleurs tout ce qu'il y a de faible dans les descriptions d'équilibre naturel où l'on prend pour base ce que les sens de l'homme y reconnaissent. L'on sait en effet que ce qui influence notre corps n'est pas ce qui influence celui des autres. Des animaux mêmes voisins ne jugent pas des couleurs comme nous. D'autres sont sensibles à des vibrations non lumi-

---

(1) J'ai à peine besoin de dire que le motif qui m'a fait adopter ces lettres est qu'elles sont les initiales de Γη, Ύδωρ, Ανεμη, Ήλιος

neuses pour nous. Beaucoup réagissent à divers excitants que notre organisme ne soupçonne pas exister.

Et cependant que serait une description de la nature qui ne prononcerait pas des odeurs, des couleurs, à la façon dont nous les envisageons. Je crois que dans le moment présent, c'est une nécessité de se soumettre à l'anthropocentrisme. Un jour naîtra sans doute où des sondes à propriétés multiples pourront être placées au sein d'un édifice naturel quelconque, qui, par des réactifs et des relais, inscriront sur des cylindres enregistrants la courbe de *tous* les phénomènes qui y ont lieu simultanément...

§ XXVIII

Les phénomènes vibratoires sont les plus précis. On peut les exprimer par les équations *de mouvement* dont j'ai parlé. Ici il est donc question de remplacer ces équations par des abréviations.

Le coloris des choses matérielles est certainement le caractère qui nous frappe le plus en elles. Or, on sait que toutes ces teintes si jolies sont le produit de la combinaison des couleurs élémentaires irréductibles de jaune, rouge et bleu.

Au point de vue pratique il faudra tenir compte de la *franchise* des couleurs. Je veux dire que un rouge qui contient une infime quantité de vert est cependant rouge. On dira donc pour simplifier que c'est un rouge impur et non que c'est un mélange de rouge et de vert en proportion *a*.

Principalement on fera attention à la *vivacité* des teintes, soit la quantité de blanc qui y est ajoutée en les pâlissant.

Telles seront donc les bases du procédé descriptif que j'ai adopté. Toutefois j'estime qu'il faut prendre à titre d'éléments naturels d'excitation de notre œil, non pas simplement les trois couleurs fondamentales, mais plusieurs autres encore. Ce seront d'abord les trois couleurs secondaires : orangé, violet et vert (principalement). En outre, j'y joins le brun et le gris. Ces deux teintes sont produites par le mélange de toutes les couleurs. Malgré cela je considère qu'elles ont leur individualité et que leur abondance dans la nature leur impose une place à part dans un système basé explicitement sur les sensations subjectives humaines.

J'appelle la *couleur* F (*Farbe*).
Le rouge est désigné par la minuscule r.

    L'orangé   —   —   — o
    Le jaune   —   —   — j
    Le vert   —   —   — x
    Le bleu   —   —   — c
    Le violet   —   —   — p
    Le gris   —   —   — g
    Le brun   —   —   — b

La juxtaposition de deux couleurs est représentée par leur deux symboles unis par le signe $+$.

La composition d'une teinte intermédiaire est exprimée par la conjugaison des symboles des teintes constituantes, n'étant séparées par aucun signe.

La composition d'une teinte où un des constituants domine est exprimée en mettant entre parenthèses les symboles des autres.

La composition d'une teinte où un des constituants n'est mélangé qu'à des traces d'autres couleurs est traduite en plaçant entre ( ) auprès de son symbole la lettre y. l.

Le degré de l'intensité de la teinte est exprimé par un indice de 1 à 5; 5 représente l'intensité maximum et 1 avoisinant le blanc.

Le noir est inexistant. Ou bien il n'y a pas de F. (dans les entrailles du sol, par exemple) ; ou bien il y a une couleur foncée b (p) x (c)[5].

Exemples d'applications :

    Jaune d'œuf .... $= j_5$
    Gomme-gutte .... $= j_3$
    Jaune de Naples .... $= j_2$
    Jaune citron .... $= j^{(x)}_{2-3}$
    Vermillon .... $= r(j)_4$
    Gris souris .... $= bg_3$
    Ocre jaune pâle .... $= gj_2$
    Sienne naturelle .... $= b_3$
    Ciel clair .... $= c_2$
    Tons foncés éloignés .... $= bp_3$
    Vert végétal .... $= j^x_3$
    Vert olive .... $= (g)_5$

Vert (émeraude) .... $= {}^{\times}4$
Vert d'eau foncé .... $== {}^{\times}(c)_2$
Roux .... $== b o_3$

§ XXVIII

Les sonorités sont les seules vibrations qui affectent notre consensus en outre des couleurs.

La nature est peu bruyante. Cependant le tapage du vent ou de la mer, le murmure des fontaines, le chant des animaux, sont dignes d'être notés.

Malgré cela il m'a semblé que ces phénomènes étaient trop compliqués pour être exprimés par des symboles. Le timbre est presque impossible à définir. Les notes, à l'occasion seront représentées par l'écriture musicale ordinaire ou par celle dont je parlerai (chap. XI). Et dans les analyses habituelles on négligera les sons. J'indique seulement leur présence par la lettre C (chanter, canere).

Pour les sons articulés, j'utilise provisoirement les signes adoptés par « l'association internationale de phonétique » (Voir ci-dessous, ch. XI, setc III).

Ils n'ont d'ailleurs pas grand rôle dans la nature.

Viennent ensuite les odeurs et les saveurs. Comme je l'ai dit ces propriétés ont certainement leur nature propre et pourraient être ramenées à des éléments primordiaux. J'ai pu m'assurer dans plusieurs cas, que telle odeur ou telle teinte complexe était constituable à partir d'éléments, au premier aspect tout étrangers. Je suis sûr que l'on peut faire dans ces deux domaines ce que le peintre opère sur la palette en une foule de nuances suaves en partant de trois couleurs.

J'ai déjà exprimé que j'avais dans l'intention de définir, après recherche, ces éléments. Provisoirement j'ai adopté le système élémentaire de classification que voici.

Je désigne les odeurs par la majuscule O (olere) et les saveurs par G (gustare).

Les unes et les autres sont sensées composées des propriétés que je considère pour le moment comme distinctes et qui sont :

		<O>	<G>
L'éthéré .. =	é	Aldéhydes	infusion de menthe
Le résineux. =	è	résines odorantes	résine
Le gras .. =	'd	bourbe d'égout	huile
Le doux .. =	é	rose	sucre
Le salé .. =	d	brise marine	sel
L'amer .. =	d	certains feuillages sem-pervirents	gentiane
L'âcre ... =	s	fumée	alun
L'austère . =	s	ammoniaque	noix de galle
Le cru ... =	s	acides	citron

Ces symboles sont appliqués de façon à entrer mieux dans la mémoire si l'on se rappelle :

1) Que la première lettre est e pour les éléments qui produisent quelques impressions de pénétration ; d pour ceux qui oscillent dans des tons mats et s pour ceux qui sont voisins de l'astringence.

2) Que l'accent est ´ pour les plus aiguës caractéristiques, ` pour les graves, ' pour les plus fades.

Ces symboles peuvent être alliés entre eux comme ceux des couleurs et munis d'un indice de 1 à 5 pour indiquer leur force.

Il est bien entendu que ce système est très précaire et ne permet nullement de symboliser un parfum exactement. Presque toutes les fleurs sont des : é è, et pourtant chacune à son parfum.

§ XXIX

Toutes ces données et beaucoup de celles dont je vais parler maintenant ont un caractère empirique et subjectif. Aucune documentation précise ne peut être acquise à leur aide. Aussi, les procédés de traductions que je cherche à établir doivent-ils tenir compte de cette imperfection. Et lorsque l'on voudra traduire quelque chose par une mensuration, il faudra mentionner qu'il y a simplement approximation.

De même, on prend souvent pour base un élément quelconque, parmi d'autres de même nature. Cependant, chacune de ces individualités diffère de ses congénères par quelques détails. C'est pourquoi un signe devra être établi également pour mentionner qu'il est question d'un type moyen.

Dans le résultat obtenu avec ces restrictions, par l'application des chiffres aux objets de la nature, doivent gésir les éléments de classifications cherchés. Une mise en équation des ronnées possibles est donc le moyen typique de les réaliser.

Pratiquement il est souvent nécessaire de se contenter du jugement intuitif. C'est ce que l'on a toujours fait jusqu'à ce jour, je crois. Dans ce cas, il serait commode et logique de substituer aux chiffres des figures symboliques.

Dans ces deux ordres d'idées, je vais m'appliquer maintenant à exécuter la méthode de la classification aux moyens des bases que je viens d'établir. Comme je l'ai dit j'étudierai d'abord la classification d'après les affinités naturelles des formes, à l'idée de l'esprit, comme elle est applicable aux êtres vivants. Plus loin j'examinerai la classification de contiguïté basée sur l'équilibre de forces vitales à l'occasion de la collectivité vivante dans le cas particulier des végétaux. Enfin, je chercherai très succinctement, les bases de la classification selon la composition matérielle, les propriétés, la répartition spatiale, comme cela doit être réalisé dans les divers domaines des études de la matière.

Table des Matières du Tome III

Table des Matières du Tome III

Livre tiers Conclusif

ACHEVÉ D'IMPRIMER
LE 10 AOUT 1930
SUR LES PRESSES DE
E. RAMLOT ET Cie,
52, AVENUE DU MAINE,
PARIS

PRIX : 28 francs